国家自然科学基金资助项目（11162011，51468049，11662012）
内蒙古自治区自然科学基金资助项目（2009MS0706）
内蒙古自治区人才开发基金项目

风沙环境下钢结构涂层侵蚀力学行为与损伤评价研究

郝贠洪　邢永明　著

中国建筑工业出版社

图书在版编目（CIP）数据

风沙环境下钢结构涂层侵蚀力学行为与损伤评价研究/
郝贠洪，邢永明著.—北京：中国建筑工业出版社，2017.1
ISBN 978-7-112-20109-9

Ⅰ.①风… Ⅱ.①郝… ②邢… Ⅲ.①钢结构－金属
涂层－腐蚀－研究 Ⅳ.①TG172.2

中国版本图书馆 CIP 数据核字（2016）第 278118 号

本书是作者及其团队十余年研究成果的总结。书中以内蒙古中西部地区风沙
环境为研究背景，在较系统地分析了风沙环境特征、钢结构涂层材料物理和力学
性能的研究基础上，对钢结构涂层受风沙流粒子冲蚀力学行为、耐久性损伤机理
及其损伤程度进行了研究。全书共分为 10 章，包括：绪论、内蒙古中西部地区风
沙环境特征分析、钢结构涂层的制备及其物理力学性能测定、风沙冲击作用下钢
结构涂层及其与基体界面冲蚀磨损理论分析、风沙环境下钢结构涂层的冲蚀试验
研究、风沙环境下钢结构涂层冲蚀磨损机理分析、钢结构涂层受风沙环境冲蚀磨
损损伤程度评价、钢结构涂层的摩擦学性能分析、风沙流粒子冲击钢结构涂层的
有限元分析、相似理论及其在风沙侵蚀研究中的应用。本书可供土木建筑专业的
研究人员、高等院校教师及研究生参考使用。

责任编辑：王砾瑶
责任校对：焦 乐 赵 颖

风沙环境下钢结构涂层侵蚀力学行为与损伤评价研究
郝贠洪 邢永明 著

*

中国建筑工业出版社出版、发行（北京海淀三里河路 9 号）
各地新华书店、建筑书店经销
北京佳捷真科技发展有限公司制版
北京同文印刷有限责任公司印刷

*

开本：787×1092 毫米 1/16 印张：11¼ 字数：278 千字
2017 年 4 月第一版 2017 年 4 月第一次印刷
定价：**35.00** 元
ISBN 978-7-112-20109-9
（29553）

序

我国西北地区为全球现代沙尘暴的高活动区，长期以来，该区域基础设施的耐久性受风沙冲磨侵蚀作用影响严重，尤其是建在沙漠及周边的桥梁、通信塔和输电塔等钢结构体系受到的影响更为显著，这种影响主要体现为风沙流粒子对钢结构体系耐久性起关键保护作用的表面防腐蚀涂层冲蚀磨损破坏，涂层破坏会造成钢结构极易锈蚀、性能劣化、构件承载力下降，使其耐久性和安全性降低。开展钢结构防腐涂层受风沙环境冲蚀磨损的力学行为和损伤机理、冲蚀损伤程度评价方法、抗冲蚀磨损措施和制备抗冲蚀磨损涂层等一系列相关问题的研究，具有重要的学术和应用价值。

十多年来，郝贠洪、邢永明教授和他们的研究团队在国家自然科学基金、内蒙古自治区自然科学基金、内蒙古自治区人才开发基金、内蒙古工业大学重点基金、中国电力科学研究院国家电网公司基础前瞻性科技项目等基金项目的资助下，以我国西北地区风沙环境为研究背景，在较系统地分析了风沙环境特征、钢结构涂层材料物理和力学性能的研究基础上，对钢结构涂层受风沙流粒子冲蚀力学行为、耐久性损伤机理及其评价方法、风沙环境冲蚀理论、有限元分析及其应用等方面开展了深入系统的研究，取得了具有实用价值的研究成果，为风沙地区钢结构涂层耐久性损伤评价及其防护提供了试验和理论依据。

该书涉及土木工程、材料科学与工程、环境工程以及工程力学等学科，有较高的学术价值和工程应用价值，对从事工程结构及材料耐久性研究的科研人员与技术工作者有重要参考价值，相信该专著的出版会对工程结构耐久性领域的研究与应用起到促进作用。

中国钢结构协会　　副会长
中国钢结构协会防火与防腐分会　　理事长
同济大学　　教　授　　李国强

2017 年 2 月

前　　言

　　中国北方地区处于全球四大沙尘暴区之一的中亚沙尘暴区，为全球现代沙尘暴的高活动区之一，而内蒙古中西部地区地跨西北和华北地区，沙漠分布较多，是该高活动区的中心地段。该区域基础设施的耐久性受风沙冲磨侵蚀作用影响严重，尤其是建在沙漠及周边的桥梁、通信塔和输电塔等钢结构体系受到的影响更为显著，这种影响主要体现为风沙流粒子对钢结构表面涂层的冲蚀磨损破坏，由于涂层对钢结构体系耐久性起关键保护作用，钢结构表面涂层破坏，钢结构极易锈蚀、性能劣化、构件承载力下降，造成其耐久性和安全性降低。深入研究冲蚀磨损，分析钢结构涂层受风沙流粒子冲蚀磨损的力学行为和损伤机理，研究评价其受冲蚀程度的准则和方法、抗冲蚀磨损措施和制备抗冲蚀磨损涂层等一系列相关问题成为工程界和学术界一项迫切需要研究的任务。

　　本书是国家自然科学基金资助项目（No.11162011，51468049，11662012）、内蒙古自治区自然科学基金资助项目（No.2009MS0706）、内蒙古自治区人才开发基金项目、内蒙古工业大学重点基金项目、中国电力科学研究院国家电网公司基础前瞻性科技项目（《输电线路环境荷载作用机理及灾害防治技术》）输电线路环境因素若干问题研究子课题（项目编号：1508-00492）的研究成果之一。

　　上述项目是针对我国西北地区风沙环境严重影响工程结构和材料耐久性和安全性的背景下展开的。这项工作从2005年开始，已历时10余年，项目以内蒙古中西部地区风沙环境为研究背景，在较系统地分析了风沙环境特征、钢结构涂层材料物理和力学性能的研究基础上，对钢结构涂层受风沙流粒子冲蚀力学行为、耐久性损伤机理及其损伤程度进行了研究。本书是在上述成果的基础上总结而成的，本书共分10章，主要内容包括绪论、内蒙古中西部地区风沙环境特征分析、钢结构涂层的制备及其物理力学性能测定、风沙冲击作用下钢结构涂层及其与基体界面冲蚀磨损理论分析、风沙环境下钢结构涂层的冲蚀试验研究、风沙环境下钢结构涂层冲蚀磨损机理分析、钢结构涂层受风沙环境冲蚀磨损损伤程度评价、钢结构涂层的摩擦学性能分析、风沙流粒子冲击钢结构涂层的有限元分析、相似理论及其在风沙侵蚀研究中的应用。上述内容是在认真学习国内外专家、学者和工程技术人员研究成果的基础上，由作者及其研究团队完成的，按照参与项目研究时间的先后顺序，他们分别是赵燕茹、何晓雁、白明海、杨诗婷、靳铁顺、段国龙、任莹、冯玉江、朱敏侠、樊金承、江南、刘永利、郭健、刘艳晨、韩燕、雅茹罕和中国电力科学研究院杨风利、张宏杰等。

　　由于编者在这一领域内研究的深度和广度有限，书中错误和遗漏在所难免，恳请读者批评指正，谢谢！

郝贠洪　邢永明
2017 年 2 月于内蒙古工业大学

目　　录

第1章　绪论 ……………………………………………………………………… 1

  1.1　研究的背景及意义 …………………………………………………… 1

  1.2　国内外冲蚀磨损研究现状 …………………………………………… 4

    1.2.1　磨损及冲蚀磨损概述 …………………………………………… 4

    1.2.2　粒子与材料冲蚀接触过程研究综述 ………………………… 5

    1.2.3　冲蚀磨损理论研究进程综述 ………………………………… 5

    1.2.4　冲蚀磨损影响因素的研究进展 ……………………………… 6

    1.2.5　冲蚀磨损性能的评价方法研究 ……………………………… 8

  1.3　有机复合材料冲蚀研究现状分析 …………………………………… 11

  1.4　土木工程材料受冲磨侵蚀研究现状 ………………………………… 11

  1.5　本书的研究内容 ……………………………………………………… 12

  本章参考文献 ……………………………………………………………… 14

第2章　内蒙古中西部地区风沙环境特征分析 …………………………… 18

  2.1　内蒙古中西部地区地理环境 ………………………………………… 18

  2.2　内蒙古中西部地区风沙气候条件 …………………………………… 20

    2.2.1　沙尘天气的分级 ……………………………………………… 20

    2.2.2　内蒙古中西部地区沙尘暴时间分布 ………………………… 21

    2.2.3　内蒙古中西部地区沙尘暴空间分布 ………………………… 23

    2.2.4　不同范围强和特强沙尘暴发生频数分析 …………………… 24

  2.3　风沙环境主要冲蚀力学参数 ………………………………………… 24

    2.3.1　风沙流粒子特征 ……………………………………………… 24

    2.3.2　风沙流速度 …………………………………………………… 25

    2.3.3　沙尘浓度 ……………………………………………………… 25

  2.4　本章小结 ……………………………………………………………… 25

  本章参考文献 ……………………………………………………………… 26

第3章　钢结构涂层的制备及其物理力学性能测定 …………………… 27

  3.1　钢结构涂层的种类 …………………………………………………… 27

3.2　钢结构涂层的制备 ································· 28

　　3.2.1　试件材料的选择 ····························· 28

　　3.2.2　涂层的喷涂 ································ 29

　　3.2.3　涂层的制备 ································ 29

3.3　钢结构涂层的物理力学性能指标的测定 ················· 30

　　3.3.1　涂层厚度和密度的测定 ························ 30

　　3.3.2　涂层的硬度测定 ····························· 31

　　3.3.3　涂层的柔韧性测定 ···························· 34

　　3.3.4　涂层附着力等级的测定 ························ 34

　　3.3.5　涂层/基材的结合强度测定 ····················· 35

3.4　本章小结 ····································· 36

本章参考文献 ····································· 36

第4章　风沙冲击作用下钢结构涂层及其与基体界面冲蚀磨损理论分析 ···· 38

4.1　风沙冲击作用下钢结构涂层冲蚀磨损力学行为及其理论分析 ····· 38

　　4.1.1　风沙流粒子冲蚀接触力学模型 ···················· 38

　　4.1.2　撞击接触分析理论 ···························· 38

　　4.1.3　风沙流粒子冲蚀接触动力分析 ···················· 44

　　4.1.4　风沙流粒子冲蚀接触应力场分析 ··················· 46

　　4.1.5　钢结构涂层屈服的临界速度判定 ··················· 51

4.2　风沙冲击作用下涂层与钢结构基体界面的应力分析 ·········· 51

　　4.2.1　Dundurs参数 ······························· 51

　　4.2.2　镜像点法简介 ······························· 53

　　4.2.3　冲击荷载作用下涂层基体界面应力分析 ··············· 54

4.3　风沙冲击作用下涂层与钢结构基体界面的位移分析 ·········· 67

　　4.3.1　风沙冲击作用下涂层与钢结构基体界面的位移表达式 ······· 67

　　4.3.2　风沙冲击作用下涂层与钢结构基体界面的位移分析 ········· 68

4.4　本章小结 ····································· 74

本章参考文献 ····································· 75

第5章　风沙环境下钢结构涂层的冲蚀试验研究 ················· 76

5.1　试验方法及试验装置 ····························· 76

　　5.1.1　试验方法及分析 ····························· 76

　　5.1.2　试验装置 ································· 77

5.2　风沙冲蚀磨损性能的评价方法分析 ···················· 77

5.3　内蒙古中部区域风沙环境冲蚀磨损试验研究 ··············· 78

　　5.3.1　内蒙古中部区域风沙环境特征分析 ·············· 78

　　5.3.2　风沙流冲蚀速度对钢结构涂层冲蚀磨损失重量的影响 ·········· 82

　　5.3.3　风沙流冲蚀角度对钢结构涂层冲蚀磨损失重量的影响 ·········· 84

　　5.3.4　沙尘浓度（下沙率）对钢结构涂层冲蚀磨损失重量的影响 ······· 84

　　5.3.5　钢结构涂层冲蚀磨损过程的分析研究 ············· 85

　5.4　内蒙古西部区域风沙环境冲蚀磨损试验研究 ·············· 86

　　5.4.1　内蒙古西部区域风沙环境特征分析 ·············· 86

　　5.4.2　风沙流冲蚀速度对钢结构涂层冲蚀磨损的影响 ·········· 88

　　5.4.3　风沙流冲蚀角度对钢结构涂层冲蚀磨损失重量的影响 ········· 90

　　5.4.4　沙尘浓度（下沙率）对钢结构涂层冲蚀磨损失重量的影响 ······· 91

　　5.4.5　风沙冲蚀时间对钢结构涂层冲蚀磨损失重量的影响 ········· 92

　5.5　本章小结 ····································· 95

　本章参考文献 ···································· 95

第6章　风沙环境下钢结构涂层冲蚀磨损机理分析 ············· 97

　6.1　钢结构涂层冲蚀磨损形貌分析方法 ················· 97

　6.2　钢结构涂层原始表面形貌 ···················· 97

　6.3　钢结构涂层冲蚀磨损SEM形貌及其损伤机理分析 ·········· 98

　6.4　风沙环境不同冲蚀力学参数对钢结构涂层冲蚀损伤机理影响 ······ 102

　　6.4.1　不同冲蚀角度条件对钢结构涂层冲蚀损伤机理影响 ········ 102

　　6.4.2　不同冲蚀速度条件对钢结构涂层冲蚀损伤机理影响 ········ 104

　　6.4.3　不同沙尘浓度条件对钢结构涂层冲蚀损伤机理影响 ········ 105

　6.5　钢结构涂层冲蚀磨损LSCM形貌及粗糙度分析 ·········· 107

　　6.5.1　激光共聚焦显微镜在材料表征中的应用 ············ 107

　　6.5.2　风沙流作用下钢结构涂层冲蚀磨损LSCM形貌 ········· 107

　　6.5.3　钢结构涂层受风沙冲蚀磨损表面粗糙度分析 ·········· 110

　6.6　本章小结 ····································· 113

　本章参考文献 ···································· 113

第7章　钢结构涂层受风沙环境冲蚀磨损损伤程度评价 ··········· 115

　7.1　材料冲蚀磨损损伤程度的评价方法及研究进展 ············ 115

　7.2　钢结构涂层冲蚀磨损损伤程度的评价方法及其评价计算公式 ······ 116

　7.3　钢结构涂层冲蚀磨损损伤程度评价的实例分析 ············ 119

　7.4　本章小结 ····································· 121

　本章参考文献 ···································· 121

第 8 章　钢结构涂层的摩擦学性能分析 ········· 122

　8.1　摩擦学的基本概念 ········· 122

　8.2　钢结构涂层的摩擦性能分析 ········· 122

　　8.2.1　涂层动、静摩擦系数的测试 ········· 122

　　8.2.2　钢结构涂层的耐磨性测试 ········· 123

　　8.2.3　钢结构涂层的摩擦性能综合评价 ········· 123

　8.3　沙粒子对钢结构涂层表面的冲击摩擦研究 ········· 124

　　8.3.1　冲击摩擦系数 ········· 124

　　8.3.2　涂层冲蚀率的摩擦学定量预估模型 ········· 124

　　8.3.3　钢结构涂层的冲击摩擦系数分析 ········· 124

　8.4　本章小结 ········· 126

　本章参考文献 ········· 126

第 9 章　风沙流粒子冲击钢结构涂层的有限元分析 ········· 127

　9.1　动力学数值分析的基本理论 ········· 127

　　9.1.1　风沙粒子冲击钢结构涂层模型 ········· 127

　　9.1.2　风沙粒子冲击钢结构涂层的表面及内部应力 ········· 128

　　9.1.3　风沙粒子冲击后涂层基体界面处应力的理论解 ········· 130

　　9.1.4　风沙粒子冲击涂层基体模型 ········· 131

　　9.1.5　受风沙粒子冲击后涂层基体界面上 Z 向应力理论分析 ········· 132

　　9.1.6　受风沙粒子冲击后涂层基体界面上剪应力理论分析 ········· 132

　9.2　有限元模拟程序简介 ········· 133

　　9.2.1　LS-DYNA 简介 ········· 133

　　9.2.2　ANSYS 简介 ········· 134

　9.3　风沙流粒子冲击涂层的有限元模拟计算 ········· 134

　　9.3.1　风沙流粒子冲击涂层的有限元计算模型一 ········· 134

　　9.3.2　风沙流粒子冲击涂层的有限元计算模型二 ········· 139

　9.4　本章小结 ········· 148

　本章参考文献 ········· 149

第 10 章　相似理论及其在风沙侵蚀研究中的应用 ········· 150

　10.1　量纲分析的基本概念 ········· 150

　10.2　相似理论 ········· 152

　　10.2.1　相似第一定理 ········· 152

　　10.2.2　相似第二定理 ········· 153

　　10.2.3　相似第三定理 ········· 154

10.3　用方程式分析结构相似 ……………………………………………… 155

10.4　用量纲分析法分析结构相似 ………………………………………… 157

10.5　弹性结构中的相似性 ………………………………………………… 159

10.6　相似理论在钢结构涂层受风沙冲蚀研究中的应用 ………………… 163

　10.6.1　沙尘天气分级 ……………………………………………… 164

　10.6.2　沙尘浓度转化 ……………………………………………… 165

　10.6.3　室内试验与实际工况下冲蚀时间的转化 ………………… 166

　10.6.4　计算实例 …………………………………………………… 167

10.7　本章小结 ……………………………………………………………… 168

本章参考文献 ……………………………………………………………… 169

第1章
绪 论

1.1 研究的背景及意义

全球沙漠总面积已达陆地总面积的十分之一左右，全球典型的沙漠分布图如图 1-1 所示。

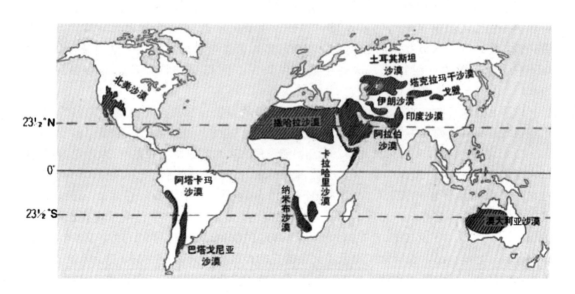

图 1-1 全球典型沙漠分布图

沙尘暴是沙漠及其邻近地区特有的一种灾害性天气。沙尘暴是指强风将地面大量沙尘吹起或被高空气流带到下游地区而导致空气浑浊，水平能见度小于 1km 的天气现象。它极大的危害着环境、交通、人们的生活、生命财产等，它的发生发展既是土地荒漠化加速的标志，也是土地荒漠化发展到一定程度的具体表现。沙尘暴的发生需具备 3 个基本条件：沙尘物质、大风和不稳定的空气。其中，足够的沙尘物质是形成沙尘暴的物质基础，大风是形成沙尘暴的动力条件，不稳定的空气是重要的热力条件。

1

从沙尘暴分布地区来看，全球有 4 大沙尘暴多发区，分别位于中非（非洲撒哈拉沙漠地区）、北美（美国中西部地区）、澳大利亚（澳大利亚中部地区）和中亚（独联体中亚部分及中国西北部）。中国北方地区处于全球四大沙尘暴区（中非、北美、澳大利亚和中亚）之一的中亚沙尘暴区，为全球现代沙尘暴的高活动区之一，其主要发生在西北、华北和东北西部，尤以西北地区的沙尘暴发生频繁、危害严重和影响范围广泛。内蒙古中西部地区处于中国北方地区沙尘暴高活动区的中心地段，自 20 世纪 60 年代以来，内蒙古中西部地区共发生强和特强沙尘暴 184 次，平均每年 4.6 次，是我国西北五省（区）发生次数总和的 3.8 倍[1]，80 年代至 90 年代明显下降，2000～2014 年波动呈递减趋势[2]，2015 年沙尘天气影响总体偏轻[3]。

我国是沙漠分布较多的国家之一，据统计显示，我国沙漠总面积约 130 万 km²，为可耕地面积的 2.5 倍，约占全国土地面积的 13%。其中比较大的沙漠有 12 处，面积从大到小依次为：塔克拉玛干沙漠、古尔班通古特沙漠、巴丹吉林沙漠、腾格里沙漠、柴达木沙漠、库姆塔格沙漠、乌兰布和沙漠、库布齐沙漠、毛乌素沙地、浑善达克沙地、科尔沁沙地、呼伦贝尔沙地。

内蒙古地区在我国属于沙漠分布较多的地区，内蒙古中西部地区地跨西北和华北地区，地域辽阔，属于干旱、半干旱地区，该地区自西向东分布着六大沙漠：巴丹吉林沙漠、腾格里沙漠、乌兰布和沙漠、库布齐沙漠、毛乌素沙地和浑善达克沙地，这些沙漠为沙尘暴的形成提供足够的物质基础，另外，内蒙古中西部地处蒙古大陆冷高压的前沿，是各路冷空气入侵我国的必经之地，大风多，为沙尘暴形成提供了动力条件；加之当地有干旱少雨的气候特征，这些构成了内蒙古中西部强和特强沙尘暴多发的三大因素。

中国北方除青藏高原的部分地区以外，沙尘暴的爆发日数总体上（75% 以上的站点）均呈递减趋势，但处在中蒙边疆地区有增加的趋势。强沙尘暴（风速≥20m/s，能见度 50～200m）和特强沙尘暴（风速≥20m/s，能见度＜50m）的发生频数自 20 世纪 60 年代以来逐年减少，60 年代沙尘暴发生次数占总体的 33%，70 年代占 26.4%，80 年代占 13.6%，90 年代则更少，占 7.7%。2001～2010 年沙尘暴发生次数占总体的 13%，沙尘暴发生次数呈波动趋势，一直在 10 次左右上下波动，2011～2013 年沙尘暴发生次数平均为 10 次[1-4]，2014 年及 2015 年我国沙尘天气爆发次数和日数偏少[2-3]。沙尘暴发生频繁，危害严重，影响广泛，我国每年由风沙灾害造成的直接经济损失高达 540 亿元，严重制约着经济的发展，同时草地和林地减少，生态环境持续恶化，风沙灾害在我国已经成为重大环境问题[5]。

内蒙古中西部地区基础设施的耐久性受风沙冲蚀磨损作用影响严重，尤其是建在沙漠及周边的桥梁（图 1-2、图 1-3）、通信塔（图 1-4）、输电塔（图 1-5）、公路（图 1-6）等受到的影响更为显著，这种影响主要体现为风沙流粒子对结构体系表面的冲蚀磨损破坏。由于结构表面层对结构体系耐久性起关键保护作用，表面层破坏，结构极易磨蚀、性能劣化、构件承载力下降，造成其耐久性和安全性降低。特殊区域环境下工程结构体系耐久性损伤问题已经引起了工程界和学术界的普遍关注。

图 1-2 沙漠地区的桥梁结构体系（混凝土＋钢结构）

图 1-3 沙漠地区的桥梁结构体系（混凝土）

图 1-4 沙漠地区的钢结构通信塔

图 1-5　沙漠地区的钢结构输电塔

图 1-6　沙漠地区的公路

1.2　国内外冲蚀磨损研究现状

自 1946 年 Wahl 和 Hartstein 发表第一篇论述冲蚀损伤的论文到现在，该领域的研究已有 70 年的历史。

1.2.1　磨损及冲蚀磨损概述

磨损是自然界普遍存在的现象，是指当摩擦副表面做相对运动时，由于机械或化学作用，使其发生材料脱落的现象。

磨损的现象极为复杂，所以分类也较为复杂，磨损的分类标准也较多，分类方法也各不相同。学术上通常按照磨损的破坏机制对磨损进行划分，主要有粘着、疲劳、腐蚀、冲击、微动、冲蚀等产生的磨损。本书所研究的风沙对钢结构涂层的磨损破坏机制为冲蚀磨损。

冲蚀磨损是指较小的粒子流对靶材产生冲击时，靶材的表面发生破坏而失效的现象。此定义中，粒子流粒子粒径一般小于 $1000\mu m$，冲蚀的速度一般不超过 $550m/s$。

按照不同的冲蚀流载体，冲蚀磨损可以分为：喷砂型和泥浆型。载体中的挟带物有固粒、液滴或气泡。按照不同的挟带物冲蚀磨损可以划分为四类，如表 1-1 所示。

冲蚀的分类　　　　　　　　　　　　　　　　　　　　　　　表 1-1

载　　体	挟带物	冲蚀类型
气流	固粒	喷砂型冲蚀
	液滴	雨蚀
液流	固粒	泥浆型冲蚀
	气泡	气蚀

1.2.2　粒子与材料冲蚀接触过程研究综述

1897 年 Lauth 研究得到了固体在冲击过程中法向与切向冲量的关系，提出了冲击摩擦的概念[6]。1981 年 Ratner 和 Hutching 研究提出了冲击摩擦的理论模型[7] 与数值计算模型[8]，其中 Ratner 的模型基于能量原理导出，而 Hutching 的理论基于界面力学分析计算。1988 年 Lewis 等学者研究表明摩擦在冲击过程中有一个平台最大值[9]。1994 年 Stronge 研究得出了斜冲击过程中的切向力和摩擦能耗，得出与 Lewis 测量值相近的分析结果[10]。

1997~2006 年，陈大年和愈宇颖等学者[11-13] 研究提出冲击摩擦模型，分析了泥沟摩擦系数，得出摩擦系数由泥沟效应决定的结论。2002 年以来，郭源君和庞佑霞等学者[14-17] 研究得到冲击摩擦系数与冲击角度有关，并分析了摩擦的影响作用。2010~2015 年，郝贠洪等人[18-22] 通过研究风沙颗粒冲蚀钢结构涂层材料试验，测定了涂层的厚度密度、硬度、弹性模量、柔韧性和涂层与基材的附着力等级；同时利用非线性动力学有限元分析程序 LS-DYNA 对风沙流粒子冲击钢结构涂层进行了有限元模拟分析，得到冲蚀时涂层的应力、应变分布规律，涂层全场应力分布随粒子反弹过程的变化特征。

1.2.3　冲蚀磨损理论研究进程综述

1.塑性材料的冲蚀磨损理论

（1）冲蚀微切削理论

Finnie 是冲蚀微切削理论[23-24] 的奠基人，该理论的提出，较好地解释了低冲角时塑性材料受刚性粒子冲蚀导致材料破坏的冲蚀规律，但是该理论不适用于刚性粒子对脆性材料的冲蚀磨损以及高角度时的冲蚀磨损，两种情况下的冲蚀磨损存在较大的偏差。

（2）冲蚀变形磨损理论

在 1963 年，Bitter 经过大量的试验和研究，提出了冲蚀变形磨损理论[25-26]，该理论根据能量守恒原理，认为冲蚀过程中能量存在守恒，即总磨损量为切削磨损量和变形磨损量总和。在冲蚀磨损试验机上进行了单颗粒的冲蚀磨损试验，验证了该理论的正确性。该理论较好地解释了塑性材料的冲蚀规律，但是其缺陷是不能构建有效的物理模型。

（3）挤压锻打理论

A. V. Leay 等人通过单颗粒（子）寻求法和分步冲蚀试验法研究了高冲角时粒子对塑性材料的冲蚀磨损，最后经过理论计算提出了挤压锻打的理论模型[27]。该理论认为粒子连续冲蚀靶材，产生凸凹的唇片，之后对靶材连续不断的"锻打"，产生严重的塑性变形，最后凸凹的唇片片屑从靶材表面剥落下来。

2. 脆性材料的冲蚀磨损理论

从 20 世纪 60 年代起，学者们渐渐开始对脆性材料的冲蚀损伤机理进行研究。在 1966 年，Finnie 和 Sheldon 研究了球状粒子对脆性材料的冲蚀磨损行为，提出了一种理论[28]，该理论认为在材料表面有缺陷的地方可能产生环状裂纹——赫兹裂纹，这也即是建立第一个脆性材料冲蚀模型的理论基础。

3. 二次冲蚀理论

Tilly[29] 采用筛分法、高速摄影和电子显微镜等先进手段，对冲蚀过程中脆性粒子撞击靶材进行了观察，认为脆性粒子撞击靶材时粒子产生破碎，会对靶材的冲蚀磨损产生影响。脆性粒子在冲击靶材时产生的破碎碎片将会对靶材产生二次冲蚀。对于脆性粒子在高角度时的冲蚀磨损变化规律，运用此模型可得到较好的解释。

4. 绝热剪切与变形局部化磨损理论

Hutchings[30] 运用钢球冲击低碳钢的试验模型，对试验中靶材的变形唇进行了分析，得出了靶材会在高应变率冲击下达到很高的温度，这主要是由于变形的绝热化以及绝热剪切带的形成引起的。谭成文等人[31-33] 通过大量的试验研究分析绝热剪切带内微孔洞的演化规律，并对 Hutchings 的模型进行修正，且修正后的模型可以定量的描述绝热剪切带内微孔洞的演化直至破坏的全过程，模型的描述与微观分析获得的试验结果有较好的一致性。

5. 低周疲劳理论

低周疲劳理论[34] 是由邵荷生、林福严等人通过多年的探索与研究提出的，该理论认为在冲蚀角度为 90°或者接近 90°时，冲蚀磨损主要是低周疲劳过程，该过程以温度效应为特征。

1.2.4　冲蚀磨损影响因素的研究进展

当固体粒子以大于某一临界值的入射速度冲击到靶材表面时，就会造成靶材的冲蚀破坏。目前研究冲蚀影响因素主要从三个方面考虑：环境因素、粒子性能和被冲蚀材料的性能。

1. 环境因素

环境因素主要包括冲蚀角度、冲蚀速度、冲蚀时间、冲蚀粒子流量、环境温度。

（1）冲蚀角度

冲蚀角度是指粒子入射方向与靶材表面之间形成的夹角。经试验研究表明，冲蚀角是影响材料冲蚀率的一个重要因素。塑性材料的最大冲蚀角出现在 15°～30°，脆性材料的最大冲蚀角出现在 90°，其他材料介于两者之间。冲蚀角与冲蚀率的关系可表达为：

$$\varepsilon = A\cos^2\alpha\sin n\alpha + B\sin^2\alpha \tag{1-1}$$

式（1-1）中 ε 为材料的冲蚀率，α 为冲蚀角，A、B、n 为常数；典型的脆性材料

$A=0$；塑性材料 $B=0$；$n=\pi/2\alpha$。介于两者之间材料的冲蚀率主要由低冲击角下塑性项和高冲击角下脆性项起主要作用，通过改变式中的 A 与 B 的值便能满足要求。

（2）冲蚀速度

冲蚀速度是影响材料冲蚀率的一个重要因素，冲蚀速度对冲蚀率的影响存在一个速度门槛值，超过这一门槛值后，材料会发生冲蚀磨损。一般认为，冲蚀率与冲蚀速度存在如下关系：

$$\varepsilon=Kv^{n} \tag{1-2}$$

式（1-2）中 v 表示冲蚀速度，n 是常数。

Finnie 早期试验结果认为：$n\approx2.0$，与他从粒子运动方程导出的冲蚀微切削理论分析结果颇为近似。经大量试验研究发现，速度指数 n 在 $2.05\sim2.44$ 之间，脆性材料 n 值有时高达 6.5，不过更多试验测出 n 值出现最大范围是 $2.3\sim2.4$。n 值随着冲蚀角的增大而稍有上升[35]。

（3）冲蚀时间

粒子刚开始冲蚀靶材时，不一定立刻发生冲蚀破坏，而是使其表面发生硬化和粗糙，粒子不断地冲击靶材，靶材表面材料会逐渐地产生流失，这一过程的持续进行，使得材料的冲蚀率逐渐趋于稳定的阶段。Neilson 和 Gilchriot 研究了 Al_2O_3 在不同冲蚀角度下冲蚀 Al 时的冲蚀失重量随时间的变化关系，研究表明：Al 在质量损失前，存在一个短暂的潜伏期，随着冲蚀过程的进行，入射粒子嵌入靶材，出现了靶材"增重"的现象，嵌入增重的大小与粒子入射角度有关，一段时间以后冲蚀进入稳定阶段[36]。

（4）冲蚀粒子流量

一般情况下，粒子的流量决定了粒子的动能，因此，冲蚀率会随着粒子流量的增加而增加；但是，流量增大到一定程度，就会产生随着流量的增大冲蚀率会降低的现象。这主要是由于粒子之间的相互碰撞以及回弹粒子会影响材料的冲蚀率[37-38]。

（5）环境温度

环境温度是影响材料冲蚀的一个较为复杂的因素，温度不同时，材料的门槛冲蚀速度以及最大冲蚀角等指标都会产生相应的变化，材料的冲蚀机理也会发生变化。但是温度对脆性材料冲蚀的影响，理论和试验方面有较大偏差。

2. 粒子性能

（1）粒子形状

粒子形状是影响冲蚀磨损的主要因素之一。Ballout[39] 认为尖角粒子比球状粒子能产生较多切削或犁削。有研究发现随着球状粒子粒度增大，材料的冲蚀率也会呈现一定的变化规律[40]。

（2）粒度

粒度对塑性材料和脆性材料的冲蚀磨损影响各不相同，塑性材料的冲蚀率随粒度存在一个临界值（D_c），当粒度低于临界值（D_c）时，冲蚀率随粒度增加而上升，当粒度超过临界值（D_c）时，冲蚀率几乎不发生变化，这种现象被称为"粒度效应"[41]。脆性材料的冲蚀率随粒度增加呈上升趋势，不存在临界值 D_c。

因此，深入研究冲蚀磨损，分析钢结构涂层受风沙流粒子冲蚀磨损的力学行为和损伤机理，研究评价其受冲蚀程度的准则和方法、抗冲蚀磨损措施和制备抗冲蚀磨损涂层等一系列相关问题成为一项迫切的研究任务，是节约能源的必然要求，也是我国经济向前发展亟待解决的一个关键问题。粒子硬度对材料冲蚀磨损的影响，主要结合材料表面的硬度来进行研究，单纯的考虑粒子硬度没有实际意义。粒子与材料表面硬度比（H_p/H_t）影响材料的冲蚀磨损。Shipway 和 Scatteraood[42] 的研究发现，当 H_p/H_t 逐渐减小到 1 时，材料冲蚀率迅速降低，这是由于硬、软粒子导致弹塑性压痕和薄片的结果，同时考虑到 H_p/H_t 的影响，认为弹塑性破裂理论中对硬度的影响估计略有不足；而 Srinivasan 和 Scattergood[43] 的研究认为，H_p/H_t 对脆性材料的抗冲蚀能力起决定性作用。

3. 被冲蚀材料性能

（1）材料的硬度和强度

除冲蚀磨损外，通常情况下材料的耐磨性随着材料的硬度和强度的增加而增强，但是冲蚀磨损体现出不同的规律。目前的研究表明只有铸铁和纯金属的抗冲蚀能力与硬度（强度）成正比关系[44]。

（2）材料的塑性和韧性

塑性对塑性材料的冲蚀磨损有重要的影响。Foley 和 Levy[45] 的研究表明，随着塑性的增加，材料的冲蚀失重呈降低的现象。但是，其他学者的研究否定了此说法[46]。

断裂韧性对于脆性材料的冲蚀磨损有重要的影响。与硬度相比，断裂韧性的影响更占主导地位，换言之，在一定范围之内，硬度低，韧性好的脆性材料抗冲蚀性能依然较好[38]。

（3）材料的显微组织

目前，对于显微组织对材料的抗冲蚀磨损性能的影响观点并不一致，不同学者有着不同的认识[47]。Balan[48]，Mc-Cabe[49]，Levy[50] 等人也针对不同物质做了大量试验，但从总体结果来看，材料成分和显微组织对其抗冲蚀性能的影响不够全面，只局限于某一部分。甚至由于评价体系的不同可能得出矛盾的结果，缺乏规律性，需进一步深入研究和完善。

1.2.5　冲蚀磨损性能的评价方法研究

1. 冲蚀磨损性能的实验评价方法

（1）冲蚀磨损量化的评价方法

冲蚀磨损量化是评定冲蚀磨损性能的一个关键问题。目前研究冲蚀磨损量化的主要方法有质量损失测定法、现代形貌测定法、放射性同位素测定法和尺寸变化测定法等。其中质量损失法（也称失重法）是通过测量材料冲蚀前后的质量变化来评价其冲蚀磨损程度。由于该方法便于操作，测量精度较高，因此在冲蚀磨损量化技术中占主要地位，被普遍应用。

（2）冲蚀率的评价方法

材料的冲蚀率是评定材料耐冲蚀性能好与坏的标准，目前测量材料冲蚀率的方法主要有两种：质量磨耗测量法和体积磨耗测量法。

a. 质量磨耗测量法

质量磨耗测量法是通过测量冲蚀前后材料质量的变化来计算冲蚀率的方法。目前此方法应用较为普遍。冲蚀率（ε）用式（1-3）表示：

$$\varepsilon = 材料失重(g)/磨料质量(g) \tag{1-3}$$

b. 体积磨耗测量法

体积磨耗测量法也就是按试验前后的体积变化计算磨损率的方法。通过材料的密度可以转化为质量的变化。体积磨损率 E_v（$mm^3 \cdot g^{-1}$）用式（1-4）表示：

$$E_v = (m_0 - m_1)/(\rho m) \tag{1-4}$$

式中，ρ 为试样密度，g/cm^3；m_0 为试样的原始质量，g；m_1 为冲蚀磨损后试样的质量，g；m 为磨料总质量，g。

综上所述，本文根据研究的特点，采用质量损失测定法（失重法）来评定钢结构涂层的冲蚀磨损失重量，采用冲蚀率来评价材料的耐冲蚀性能。测定过程中，利用越平科学仪器有限公司生产的 FA/JA 精密电子天平（精度为 0.1mg）测量冲蚀试验前后涂层质量的变化 ΔM（单位：mg）来确定冲蚀磨损失重量。

（3）冲蚀形貌的观测方法

用扫描电子显微镜（SEM）观察材料冲蚀磨损损伤部位，通过形貌分析，探讨材料冲蚀机理。

2. 冲蚀磨损性能的理论评价方法

（1）Finnie 评价公式

Finnie 根据关于刚性粒子低角度冲蚀塑性材料的冲蚀微切削理论[23-24]，提出了关于冲蚀磨损程度的计算公式（1-5）：

$$V = \frac{cM}{P} f(\alpha) v^n \quad (m = 2.2 \sim 2.4) \tag{1-5}$$

式中　V——材料流失的体积；

m——固体粒子质量；

v——冲蚀速度；

α——冲蚀角度；

P——弹性流体压力；

c——粒子分数。

（2）Bitter 评价公式

Bitter 根据冲蚀变形损伤理论[25-26]，以及冲蚀过程中的能量变化，提出了适合沙尘环境下的冲蚀磨损程度的评价公式，但是由于该公式中包含了较多的参数，很难测定。Wood 做了一些假设来简化该公式，得出了冲蚀磨损量表达式（1-6）：

$$W_t = W_d + W_c$$

$$W_t = \left[\frac{\frac{1}{2} M (v \sin\alpha)^2}{\varepsilon} \right] \frac{\gamma}{g} + \left[\frac{\frac{1}{2} M (v \cos\alpha)^2}{\rho} \right] \frac{\gamma}{g} \tag{1-6}$$

式中　W_t——冲蚀磨总损失重量，单位：g；

W_d——变形磨损量，单位：g；

W_c——切削磨损量，单位：g；

M——冲蚀有效沙尘量，单位：g；

v——冲蚀速度，单位：m/s；

α——冲蚀角度，单位：$^{\circ}$；

γ——被冲蚀材料的密度，单位：g/cm^3；

g——重力加速度，单位：cm/s^2；

ε——变形能量值，单位：$(g \cdot cm)/cm^3$；

ρ——切削能量值，单位：$(g \cdot cm)/cm^3$。

（3）Neilson 和 Gilchrist 评价公式

Neilson 和 Gilchrist 在 Bitter 公式的基础上[51-52]，做了进一步简化，得出表达式（1-7）：

$$W_t = W_c + W_d$$

$$W_t = \left[\frac{\frac{1}{2}M_s(v_s\cos\alpha)^2 \sin(n\alpha)}{\phi} \right] + \left[\frac{\frac{1}{2}M_s(v_s\sin\alpha - v_{cr})^2}{\varepsilon} \right] (0 < \alpha \leqslant \alpha_0) \quad (1\text{-}7a)$$

$$W_t = \left[\frac{\frac{1}{2}M_s(v_s\cos\alpha)^2}{\phi} \right] + \left[\frac{\frac{1}{2}M_s(v_s\sin\alpha - v_{cr})^2}{\varepsilon} \right] \left(\alpha_0 < \alpha \leqslant \frac{\pi}{2} \right) \quad (1\text{-}7b)$$

式中　W_t、W_d、W_c、M_s、v、α 物理意义与式（1-4）相同，其他参数如下：

v_{cr}——无磨蚀的垂直速度临界值，单位：m/s；

α_0——区分两种磨蚀情况的临界冲角，单位：$^{\circ}$；

n——水平回弹率因素（当 $\alpha = \alpha_0$ 时，$\sin(n\alpha_0) = 1$，则有 $n = \pi/2\alpha_0$），无量纲；

φ——微切削因数，单位：m^2/s^2；

ε——冲击变形因数，单位：m^2/s^2。

（4）其他评价公式

郝贠洪等人[53] 根据风沙环境和钢结构涂层的特征，在 Bitter、Neilson 和 Gilchrist 公式的基础上，进一步简化，提出了适用于风沙环境中钢结构涂层磨损程度的评价公式（1-8）：

$$M = M_c + M_d$$

$$M = \left[\frac{\frac{1}{2}M_s(V\cos\alpha)^2 \sin(n\alpha)}{\Psi} \right] + \left[\frac{\frac{1}{2}M_s(V\sin\alpha)^2}{\eta} \right] (0 < \alpha \leqslant \alpha_0) \quad (1\text{-}8a)$$

$$M = \left[\frac{\frac{1}{2}M_s(V\cos\alpha)^2}{\Psi} \right] + \left[\frac{\frac{1}{2}M_s(V\sin\alpha)^2}{\eta} \right] \left(\alpha_0 < \alpha \leqslant \frac{\pi}{2} \right) \quad (1\text{-}8b)$$

式中　M——涂层总冲蚀磨损失重量，单位：g；

M_c——涂层切削冲蚀磨损失重量，单位：g；

M_d——涂层变形冲蚀磨损失重量，单位：g；

M_s——冲蚀有效沙尘量，单位：g；

V——冲蚀速度，单位：m/s；

α——冲蚀角度，单位：$^{\circ}$；

α_0——区分两种磨蚀情况的临界冲角，$\alpha_0 = \pi/2n$，单位：$^{\circ}$；

n——水平回弹率因素（当 $\alpha = \alpha_0$ 时，$\sin(n\alpha_0) = 1$，则有 $n = \pi/2\alpha_0$），无量纲；

Ψ——切削磨蚀能耗因数，单位：m^2/s^2；

η——冲蚀变形磨损能耗因数，单位：m^2/s^2。

1.3 有机复合材料冲蚀研究现状分析

有机复合材料表现出的冲蚀损伤特性比传统的金属材料要更加复杂，同一种材料在不同冲蚀条件下的冲蚀特性可能不同，目前报道的研究主要为试验结论[54-59]。1970 年 Tilly 等学者[60] 指出脆性材料在冲蚀过程中有粒径越大其破坏作用越大和硬度越高造成的损失越大的两种倾向。1986 年 Friedrich[61] 研究得到高分子复合材料的冲蚀率有一个增重的孕育期。1984 年 Walley 等学者[62] 研究得出硬度相对较高的高分子材料，耐冲蚀性能相对较差，且冲击变形大并不意味着材料流失多。Nuttall 等学者[63] 的研究表明聚氨酯弹性体的耐冲蚀性能是铸铁的十倍。Mathias 等学者[64] 的研究指出高分子材料冲蚀随冲击粒子尺寸的增大而增加。1994 年 Roy 等学者[65] 通过大量试验总结指出高分子材料冲蚀率与粒子冲击速度呈指数关系且与金属材料类似，但具体取值范围有很大差别。2005 年 Prehn 和 Hauper[66] 研究得到水平冲蚀力主要集中在环氧树脂分子链之间，分子链是垂直于受力方向排列的，断裂主要发生在环氧树脂分子链之间的分子键。2008 年 PHarsha 和 Sanjeev[67] 研究表明环氧树脂在 30°角度冲击下，其表面的磨损以切削和碾压为主，材料的失效形式主要表现环氧树脂发生不均匀扯离撕裂，以微米级片层形式脱落。

国内对有机涂层材料的冲蚀特性做了大量研究工作[68-69]，在抗冲蚀有机复合涂层领域的研究处于世界领先水平。1993~2003 年，王志高等学者[70-71] 研究指出尼龙材料随冲蚀速度的增加其流失急剧增加，环氧类材料的流失则增加不明显，而性能最好的是聚氨酯弹性材料。1998 年易茂中和黄伯云等学者[72] 研究表明高分子聚合物材料冲蚀失重量与冲蚀时间成良好的线性关系，冲蚀率与冲蚀速度有幂指数关系，速度指数与冲击角度有关。2007 年钟萍和彭恩高等学者[73] 研究表明主要成膜物质的组分对聚氨酯涂层耐冲蚀磨损性能影响较大，涂层耐冲蚀磨损性能随着氨基聚醚含量增加而提高。2010 年邢志国和吕振林等学者[74] 研究表明大尺寸 SiC 颗粒制备的环氧树脂复合材料较用小尺寸 SiC 颗粒制备具有更好的冲蚀磨损性能，低角度冲蚀以微切削造成环氧树脂脱落为主，高角度冲蚀以 SiC 颗粒碎裂造成疲劳脱落为主。

1.4 土木工程材料受冲磨侵蚀研究现状

在风沙区，基础设施的耐久性损伤受风沙环境作用影响严重。这种影响主要体现为风沙流粒子对土木工程材料和结构的冲蚀磨损过程。沙粒子的冲蚀磨损过程根据挟沙介质的不同可分为液固两相流和气固两相流。液固两相流主要指含沙水流，而气固两相流指风沙环境。

试验和分析表明，含沙流体的冲蚀磨损已成为材料破坏和结构失效的一个重要原因[75-77]。目前关于工程材料和结构耐久性受冲蚀磨损作用的研究主要集中在含沙水流对水工混凝土及其结构的影响方面，由于水工混凝土的抗冲蚀磨损影响因素多、试验周期长、成本高，且很难做到室内试验模型和实际冲蚀工况的统一，致使其机理和规律的研究还不够深入。目前，国内外学者对水工混凝土材料及结构的冲蚀磨损问题主要从两方面进行研究。一方面是研究实际冲蚀磨损参数（水流速度、沙粒含量、沙粒大小以及冲蚀角度等）对水工混凝土冲蚀特性的影响。李亚杰[78] 认为水工混凝土的冲蚀磨损可用复合磨粒冲蚀磨损理论来描述，得出混凝土受沙石冲蚀磨损的估算值。袁银忠等人[79] 认为含沙高速水流作用于混凝土表面上的剪切力是产生冲蚀磨损破坏的主要因素之一。黄细彬等人[80] 认为在计算高速水流中冲蚀磨损量时，不应忽视剪切脉动值对混凝土表面的影响，此外提出了边壁材料冲蚀磨损率的公式。黄继汤、黄绪通、魏永晖等人[81-83] 也都从不同角度研究了混凝土的冲蚀磨损程度与水流速度、沙粒含量和混凝土抗压强度等变量之间的关系，并各自得出不同的冲蚀磨损量的计算公式。而程则久[84] 则提出了临界含沙量的问题。另一方面是研究不同成分对水工混凝土冲蚀磨损特性的影响，从大量冲蚀磨损试验及构筑物实际运行效果可以得出，混凝土中的粗骨料、水泥材料、水灰比、高效减水剂等的组成和配比等是影响水工混凝土抗冲磨性能的关键因素[85-86]。Tony C[87] 认为水灰比过大或过小时会使混凝土的耐磨性下降；尹延国[88] 研究表明混凝土中的粗骨料是混凝土的主要耐磨相，选用抗冲磨性能好的岩石会提高水工混凝土抗冲磨性能。因此，由以上分析可知提高水工混凝土抗冲磨性能的技术途径可描述为：高强水泥＋超细矿物填充料＋高质量骨料＋高性能减水剂[89]。

土木工程材料和结构受冲蚀磨损作用是一个涉及结构工程学、两相流体动力学、固体接触动力学及材料科学的多学科交叉课题，由于冲蚀磨损已成为工程材料破坏和结构失效的一个重要原因，其已经成为土木工程界和学术界普遍关注的问题。如前所述，目前关于工程材料和结构受冲蚀磨损作用的研究主要集中在含沙水流（液固两相流）对混凝土的影响方面，研究在试验方法、冲蚀机理、磨损估算和材料抗磨措施方面取得了进展，但关于材料冲蚀磨损计算还没有系统的研究成果，冲蚀磨损机理的详细理论分析尚不系统。

而对于风沙环境（气固两相流）下，工程材料和结构耐久性的受冲蚀磨损作用特性及其损伤机理的研究较少，且还不够深入，主要有文献[90-91] 论述北京航空航天大学、空军装备研究院对军用装备影响方面的研究，而针对建筑物[92-93]、道路桥梁和输电塔架等钢结构体系受风沙环境侵蚀问题的研究就更少，可查阅到的相关文献较少，特别是针对内蒙古中西部地区风沙环境的特点研究还没有开展。因此，作者及其团队在这方面进行了一些探索研究，并取得一些突破性成绩。

1.5 本书的研究内容

1. 内蒙古中西部地区风沙环境特征分析

本章介绍了内蒙古中西部地区地理和风沙气候环境特点，从沙尘暴发生的时间、空间两方面阐述了内蒙古中西部地区风沙环境分布特征，分析了风沙流粒子特征、风沙流速度和沙尘浓度等冲蚀力学参数。

2. 钢结构涂层的制备及其物理力学性能测定

本章介绍了钢结构涂层的分类及各自特点，并按照《钢结构工程施工质量验收规范》GB 50205—2001，利用喷涂设备，制作了油漆涂层和镀锌镀层作为试验研究对象，并对两种涂层的厚度、密度、硬度、柔韧性、附着力等级和与基材的结合强度进行了测定。

3.风沙冲击作用下钢结构涂层及其与基体界面冲蚀磨损理论分析

本章应用弹性力学和接触力学的基本原理和方法，建立风沙流粒子冲蚀钢结构涂层的力学模型，对涂层受风沙流粒子冲蚀磨损的力学行为进行理论分析和计算；应用界面力学及断裂力学对风沙粒子冲击涂层与钢结构基体后涂层与钢结构基体界面的破坏机理进行理论分析，研究涂层基体界面的力学性能可为复合材料的性能设计及结构寿命的评价提供基本的理论依据。

4.风沙环境下钢结构涂层的冲蚀试验研究

本章采用气流挟沙喷射法通过模拟风沙环境侵蚀实验系统进行了风沙环境下钢结构涂层的冲蚀试验，研究了影响钢结构涂层冲蚀磨损的4个主要因素（风沙流冲蚀速度、冲蚀角度、沙尘浓度和冲蚀时间）对钢结构涂层的冲蚀磨损性能和不同冲蚀力学参数下钢结构涂层的冲蚀磨损失重量变化规律，分析其抗冲蚀磨损性能。

5.风沙环境下钢结构涂层冲蚀磨损机理分析

风沙环境下钢结构涂层的冲蚀磨损机理主要由风沙流的冲蚀角度决定，风沙流粒子对钢结构涂层表面的冲击分为垂直方向的冲击和水平方向的冲击。钢结构涂层受风沙环境磨损后，应用扫描电子显微镜和激光共聚焦显微镜观测其表面涂层受冲蚀磨损的微观形貌和三维形貌，根据观测结果并结合冲蚀试验相关数据，分析其受冲蚀磨损的损伤机理和损伤形貌，并分析其表面粗糙度。

6.钢结构涂层受风沙环境冲蚀磨损损伤程度评价

在评价风沙作用对钢结构涂层材料的冲蚀磨损程度时，需考虑冲蚀磨损的内因和外因两大类因素的影响。内因主要指钢结构涂层材料的物理和力学性能；外因是风沙环境的冲蚀力学参数。研究它们之间的关系，可以对风沙环境所造成的损伤进行定性定量的分析与评价，以此可以对其进行有效的防护。本章在分析试验数据的基础上，提出了适用于风沙环境下该钢结构涂层损伤程度的评价方法。

7.钢结构涂层的摩擦学性能分析

本章进行了静力条件下钢结构涂层的动、静摩擦系数测试和耐磨性测试，提出了涂层摩擦性能的综合评价，并在钢结构涂层冲蚀率的定量预估模型基础上进行了冲击摩擦系数的分析。

8.风沙流粒子冲击钢结构涂层的有限元分析

风沙粒子对钢结构涂层的冲蚀会破坏涂层且影响到钢结构的耐久性和安全性，基于界面力学和接触力学对风沙粒子冲击钢结构涂层的力学行为进行理论分析，并运用动态有限元软件 ANSYS/LS-DYNA 对其进行有限元 FEM（Finite Element Method）模拟。并对冲击后涂层基体界面上应力分布规律做出分析，对界面破坏形式及易破坏位置做出评价，对界面裂纹及界面端的损伤准则进行了实际有效的评价分析。

9.相似理论及其在风沙侵蚀研究中的应用

本章以相似理论为基础，在风沙环境侵蚀研究中应用相似理论实现了室外实际风沙变量（冲蚀速度、下沙率）和室内模拟实验选取变量（冲蚀速度、下沙率）的转化、室内试验与实际工况下冲蚀时间的转化；设计了室内模拟风沙环境的实验变量，利用室内模拟实验结果评价实际风沙中材料的受损情况，通过沙尘天气的统计资料得到实际风沙环境工程中材料受冲蚀的冲蚀时间，以及可能的沙尘天气爆发次数。研究结果为风沙环境下工程材料耐久性研究和预测寿命提供理论依据。

本章参考文献

[1]　刘景涛，郑明倩. 内蒙古中西部强和特强沙尘暴的气候学特征 [J]. 高原气象，2003，22（1）：51-64.

[2]　刘俊蓉. 中国北方地区沙尘天气演变特征及起沙机制研究 [D]. 兰州：甘肃农业大学，2015.

[3]　廖要明，王凌，王遵娅，等. 2015 年中国气候主要特征及主要天气气候事件 [J]. 气象，2016，42（4）：472-480.

[4]　段国龙. 风沙环境下钢结构涂层的冲蚀磨损试验研究 [D]. 内蒙古：内蒙古工业大学，2014.

[5]　米昂，苍耳. 沙尘暴与经济交锋 [J]. 生态经济，2002，（5）：6-13.

[6]　H. B. 左拉普尔斯基. 摩擦磨损计算原理 [M]. 王麟，译. 北京：机械工业出版社，1982.

[7]　S. B. Ratner, E. E. Styller. Characteristics of impact friction and wear of polymeric materials [J]. Wear, 1981, 2 (73): 213-214.

[8]　I. M. Hutchings，N. H. Macmillan，D. G. Rickerby. Further studies of the oblique impact of a hard sphere against a ductile solid [J]. International Journal of Mechanical Sciences, 1981, 23 (11): 639-646.

[9]　A. D. Lewis, R. J. Rogers. Experimental and numerical study of forces during oblique impact [J]. Journal of sound and vibration, 1988, 125 (3): 403-412.

[10]　W. J Stronge. Planar impact of rough compliant bodies [J]. International journal of impact engineering, 1994, 15 (4): 435-450.

[11]　陈大年，俞宇颖，尹志华，等. 斜冲击界面动力学研究 [J]. 爆炸与冲击，2002，22（2）：9-15.

[12]　陈大年，俞宇颖，尹志华，等. 与冲蚀有关的粘着与犁沟摩擦系数 [J]. 力学学报，2003，35（1）：33-38.

[13]　陈大年，陈建平，俞宇颖，等. 粘着摩擦系数的分形几何研究 [J]. 力学学报，2003，35（3）：296-302.

[14]　郭源君，庞佑霞. 水力磨蚀与耐磨胶粘涂层 [M]. 长沙：湖南科技出版社，2001.

[15]　郭源君，殷炯，何剑雄，等. 水机过流件护面弹性涂层的粒子流冲击溃裂与磨蚀研究 [J]. 振动与冲击，2011，30（2）：155-158.

[16]　郭源君，庞佑霞. 硬粒子对聚合物材料表面的冲击摩擦研究 [J]. 振动与冲击，2003，22（1）：84-86，112.

[17]　郭源君，庞佑霞，王永岩. 弹性涂层材料的冲蚀损伤特性研究 [J]. 应用力学学报，2003，20（4）：10-13.

[18]　郝贠洪. 风沙作用下钢结构表面涂层冲蚀力学行为及其评价研究 [D]. 内蒙古：内蒙古工业大学，2010.

[19]　郝贠洪，李永. 风沙环境下钢结构涂层低角度冲蚀特性研究 [J]. 摩擦学学报，2013，33（4）：26-31.

[20]　郝贠洪，任莹，段国龙，等. 钢结构表面涂层受风沙冲蚀机理和评价方法 [J]. 摩擦学学报，2014，34（4）：358-363.

[21]　郝贠洪，邢永明，杨诗婷，等. 风沙环境下钢结构涂层的冲蚀磨损力学性能研究 [J]. 应用力学学报，2013，30（3）：350-355，473.

[22]　郝贠洪，朱敏侠，冯玉江，等. 风沙冲击作用下涂层与基体界面应力、位移及破坏机理研究 [J]. 应用力学学报，2015，32（2）：18-24，186.

[23]　I Finnie. Erosion of surfaces by solid particles [J]. Wear, 1960, 3 (2): 87-103.

[24]　I. Finnie. Wolak J. Kabil Y Erosion of metals by solid particles [J]. Journal of Materials, 1967, 2

（3）：682-700.

[25] J. G. A Bitter. A study of erosion phenomena：Part I [J]. Wear, 1963, 6 (1)：5-21.

[26] J. G. A Bitter. A study of erosion phenomena：Part II [J]. Wear, 1963, 6 (3)：169-190.

[27] A. V. Levy. Solid particle erosion and erosion-corrosion of materials [M]. America：Asm International, 1995.

[28] G. L. Sheldon, I Finnie. On the ductile behavior of nominally brittle materials during erosive cutting [J]. Journal of Engineering for industry, 1966, 88 (4)：387-392.

[29] G. P. Tilly. A two stage mechanism of ductile erosion [J]. Wear, 1973, 23 (1)：87-96.

[30] I M Hutchings. Mechanisms of the erosion of metals by solid particles [M]. Erosion：prevention and useful applications ASTM In ternational. 1979.

[31] 谭成文，王富耻，李树奎.绝热剪切变形局部化研究进展及发展趋势 [J].兵器材料科学与工程，2003，26（5）：62-67.

[32] 谭成文，王富耻，李树奎，等.绝热剪切带内微孔洞演化规律研究 [J].兵工学报，2004，25（2）：70-72.

[33] 谭成文，王富耻，李树奎，等.内爆炸加载条件下圆筒的膨胀、破裂规律研究 [J].爆炸与冲击，2003，23（4）：305-308.

[34] 王武孝，袁森.铸造法制备颗粒增强金属基复合材料的研究进展 [J].铸造技术，2001，1（2）：42-45.

[35] I Finnie，H McFadden-D. On the velocity dependence of the erosion of ductile metals by solid particles at low angles of incidence [J]. Wear, 1978, 48 (1)：181-190.

[36] 李诗卓，董祥林.材料的冲蚀磨损与微动磨损 [M].北京：机械工业出版社，1987.

[37] J. R. Zhou, S Bahadur. Effect of blending of silicon carbide particles in varying sizes on the erosion of Ti-6Al-4V [J]. Wear, 1989, 132 (2)：235-246.

[38] 董刚，张九渊.固体粒子冲蚀磨损研究进展 [J].材料科学与工程学报，2003，21（2）：157-162.

[39] Y. Ballout；J. A. Mathis J. E. Talia. Solid particle erosion mechanism in glass [J]. Wear, 1996, 196 (1)：263-269.

[40] M Liebhard, A. Levy. The effect of erodent particle characteristics on the erosion of metals [J]. Wear, 1991, 151 (2)：381-390.

[41] A Misra, I Finnie. On the size effect in abrasive and erosive wear [J]. Wear, 1981, 65 (3)：359-373.

[42] D. H. Shipway, I. M. Hutchings. The role of particle properties in the erosion of brittle materials [J]. Wear, 1996, 193 (1)：105-113.

[43] S Srinivasan, O Scattergood-R. Effect of erodent hardness on erosion of brittle materials [J]. Wear, 1988, 128 (2)：139-152.

[44] K P Balan, A. V Reddy, V Joshi, et al. The influence of microstructure on the erosion behaviour of cast irons [J]. Wea, 1991, 145 (2)：283-296.

[45] T Foley, A Levy. The erosion of heat-treated steels [J]. Wear, 1983, 91 (1)：6-45.

[46] T Singh, N Tiwari-S, G Sundararajan. Room temperature erosion behaviour of 304，316 and 410 stainless steels [J]. Wear, 1991, 145 (1)：77-100.

[47] 马颖，任峻，李元东，等.冲蚀磨损研究的进展 [J].兰州理工大学学报，2005，31（1）：21-25.

[48] P Balan-K, V Reddy-A, V Joshi, et al. The influence of microstructure on the erosion behaviour of cast irons [J]. Wear, 1991, 145 (2)：283-296.

[49] L P McCabe, G A Sargent, H Conrad. Effect of microstructure on the erosion of steel by solid particles [J]. Wear, 1985, 105 (3)：257-277.

[50]　A. V Levy. The erosion of structural alloys, cermets and in situ oxide scales on steels [J]. Wear, 1988, 127 (1): 31-52.

[51]　任莹. 钢结构涂层受风沙环境冲蚀机理和损伤程度评价研究 [D]. 内蒙古：内蒙古工业大学, 2014.

[52]　J. H Neilson, A Gilchrist. Erosion by a stream of solid particles [J]. Wear, 1968, 11 (2): 111-122.

[53]　郝贠洪, 邢永明, 赵燕茹, 等. 风沙环境下钢结构涂层侵蚀机理及评价方法 [J]. 建筑材料学报, 2011, 14 (3): 63-67, 79.

[54]　T. H. Tsiang. Survey of sand and rain erosion of composite materials [J]. Journal of Composites Technology and Research, 1986, 8 (4): 154-158.

[55]　M Roy, B Vishwanathan, G Sundararajan. The solid particle erosion of polymer matrix composites [J]. Wear, 1994, 171 (1): 149-161.

[56]　J Zahavi, G F Schmitt. Solid particle erosion of reinforced composite materials [J]. Wear, 1981, 71 (2): 179-190.

[57]　王乙潜, 王政雄. 高聚物磨损研究的近况 [J]. 材料科学与工程学报, 1997, 15 (3): 46-51.

[58]　陆力, 赵琨. 金属材料的疲劳性能与空蚀的关系 [J]. 水利水电技术, 1994, (6): 52-54.

[59]　王乙潜, 张升才, 郦剑. 超高分子量聚乙烯与钢的冲蚀磨损研究 [J]. 浙江大学学报 (工学版), 2000, 34 (6): 665-669.

[60]　G. D. Tilly, W Sage. The interaction of particle and material behaviour in erosion processes [J]. Wear, 1970, 16 (6): 447-465.

[61]　K Friedrieh. Erosion of Polymers material [J]. SCi, 1986, (21): 3317.

[62]　S M Walley, J E Field, I M Scullion. Dynamic strength properties and solid particle erosion behaviour of a range of polymers [C] //7th International Conference Proceedings. On Erosion by Liquid and Soild Impact. Cambridge (UK): Cavendish Laboratory, 1984: 5-9.

[63]　R. J. Nuttall. The selection of abrasion resistant lining materials [J]. Bulk solids handling, 1985, 5 (5): 1053.

[64]　P. J Mathias, W Wu, K. C. Goretta, et al. Solid particle erosion of a graphite-fiber-reinforced bisma-leimide polymer compøsite [J]. Wear, 1989, 135 (1): 161-169.

[65]　M Roy, B Vishwanathan, G Sundararajan. The solid particle erosion of polymer matrix composites [J]. Wear. , 1994, 171 (1): 149-161.

[66]　R Prehn. E. Haupert. K. Friedrich. . Sliding wear performance of Polymer composites under abrasive and wate rlubricated Conditions for pump applications [J]. Wear, 2005, 259 (1): 693-696.

[67]　A. P. harsha S. K. Jha. Erosive wear studies of epoxy-based composites at normal incidence [J]. Wear, 2008, 265 (7): 1129-1135.

[68]　余江成, 吴剑. HVOF 涂层材料的抗磨蚀特性与应用分析 [J]. 水力发电学报, 2004, 23 (5): 123-127.

[69]　张双平, 张弘. 水力机械过流部件耐磨抗蚀涂层特点与应用 [J]. 西北电力技术, 2000, 28 (6): 43-45.

[70]　王志高. 我国水机磨蚀的现状和防护措施的进展 [J]. 水利水电工程设计, 2002, 21 (3): 1-4.

[71]　王志高. 非金属抗磨蚀保护层的应用和效益 [J]. 陕西水力发电, 1993, (1): 23-29.

[72]　易茂中, 黄伯云, 何家文, 等. 可磨耗封严涂层的冲蚀磨损特性及模型 [J]. 航空学报, 1998, 19 (5): 546-552.

[73]　钟萍, 彭恩高, 李健, 等. 聚氨酯 (脲) 涂层冲蚀磨损性能研究 [J]. 摩擦学学报, 2007, 27 (5): 49-52.

[74]　邢志国, 吕振林, 谢辉. SiC/环氧树脂复合材料冲蚀磨损性能的研究 [J]. 摩擦学学报, 2010, 30

（3）：291-295.

[75] 尹延国, 胡献国, 崔德密, 等.含沙高速水流状态下水工混凝土的磨损问题探讨 [J].混凝土与水泥制品, 1999, （3）：14-16.

[76] 林宝玉.刘家峡水电站泄水道抗气蚀抗冲磨材料现场试验总结 [J].水利水电技术, 1985, （9）：22-25.

[77] 王世夏.高速含沙水流掺气抗磨作用的研究 [J].人民黄河, 1990, （3）：39-43.

[78] 李亚杰.水工建筑物沙粒磨损估算方法 [J].水利学报, 1989, （7）：62-68.

[79] 袁银忠, 黄细彬.水流边界剪切力的量测及掺气水流固壁剪切力的特性 [J].河海大学学报（自然科学版）, 1993, （4）：16-20.

[80] 黄细彬, 袁银忠.掺气挟沙对高速水流边界剪切力特性影响的分析 [J].水利学报, 1998, （5）：25-28.

[81] 黄继汤, 田立言, 李玉柱.在清水及挟沙水流中混凝土等脆性材料抗磨蚀性能的试验研究 [J].水利水电技术, 1985, （9）：8-11.

[82] 黄绪通, 侯俊国, 王奇.采用碾压混凝土作为抗冲耐磨材料的探讨 [J].水利水电技术, 1990, （11）：20-23.

[83] 魏永晖.三门峡水利枢纽底孔的磨蚀破坏和修复 [J].水利水电技术, 1992, （4）：24-28.

[84] 程则久.空化和磨蚀中临界含沙量的试验研究 [J].水利水电技术, 1990, （2）：57-63.

[85] 廖碧娥, 白福来.铸石混凝土（砂浆）的性能及其在泄水建筑物中的应用 [J].水利科技, 1993, （4）：6-8.

[86] 廖碧娥.提高抗冲耐磨混凝土性能的机理和途径 [J].水利水电, 1993, （9）：25-29.

[87] T. C. Liu. Abrasion resistance of concrete [J]. Journal Proceedings, 1981, 78 (5)：341-350.

[88] 尹延国, 胡献国, 朱元吉.水工高强混凝土抗磨耐蚀性试验研究 [J].水利水电技术, 1998, 29 (12)：51-52.

[89] 亢景富, 冯乃谦.水工混凝土耐久性问题与水工高性能混凝土 [J].混凝土与水泥制品, 1997, （4）：4-10.

[90] 马志宏, 苏兴荣.砂尘环境对军用装备磨损和腐蚀的影响 [J].兵工学报, 2005, 26 (4)：553-556.

[91] 马志宏, 李金国, 张景飞.军用装备砂尘环境试验技术 [J].装备环境工程, 2007, 4 (6)：35-38.

[92] 冯玉江.风沙环境下混凝土受冲蚀损伤机理及评价研究 [D].内蒙古：内蒙古工业大学, 2015.

[93] Y. H. Hao, Y. J. Feng, J C Fang. Experimental study into erosion damage mechanism of concrete materials in a wind-blown sand environment [J]. Construction and Building Materials, 2016, （111）：662-670.

第 2 章
内蒙古中西部地区风沙环境特征分析

本章介绍了内蒙古中西部地区地理和风沙气候环境特点，从沙尘暴发生的时间、空间两方面阐述了内蒙古中西部地区风沙环境分布特征，分析了风沙流粒子特征、风沙流速度和沙尘浓度等冲蚀力学参数。

2.1 内蒙古中西部地区地理环境

内蒙古地区处于中亚中高纬度的干旱、半干旱地区，由于大风多的自然条件和沙源广的地理条件，使得该地区成为我国沙尘暴频发的地区，自西向东分布着 9 个沙漠和沙地，如图 2-1 所示。我国沙尘暴移动的路径当中有 2 条经过内蒙古中西部地区[1]。

1. 巴丹吉林沙漠

巴丹吉林沙漠位于内蒙古自治区阿拉善盟阿拉善右旗北部，是中国第三大沙漠，世界上最大的鸣沙区。面积大约 4.43 万 km²，年均风速 4m/s，八级大风日为 30d 左右，地处阿拉善荒漠中心，流动沙丘占全部沙漠面积的 83%，其中西北部还有 1 万多平方公里的沙漠至今没有人类的足迹。中部有密集的高大沙山，主要属内蒙古额济纳旗和阿拉善右旗，东部小范围属阿拉善左旗。沙漠的最高峰——必鲁图沙峰海拔 1609.597m，是目前世界上海拔最高的沙峰。

2. 腾格里沙漠

腾格里沙漠地处内蒙古自治区阿拉善左旗西南部和甘肃省中部边境。南越长城，东抵贺兰山，西至雅布赖山。南北长 240km，东西宽 160km，总面积约 4.3 万 km²，为中国第四大沙漠。沙丘面积占 71%，以流动沙丘为主，是我国流动速度最快的沙漠。湖盆共 422个，半数有积水，为干涸或退缩的残留湖。气候终年为西风环流控制，年平均风速 3～4m/s，2～3 月份出现 8 级暴风，年大风日数 30～50d。

3. 乌兰布和沙漠

乌兰布和沙漠地处内蒙古阿拉善盟和巴彦淖尔盟境内，南连贺兰山北麓，向西扩展至吉兰泰盐湖，东临黄河，北到狼山南缘，南北最长 170km，东西最宽 110km，总面积约 1万 km²，海拔 1028～1054m 之间，地势西南高，东北低，向河套平原倾斜。年平均风速 4m/s 左右，3～4 月份出现 7～8 级暴风，八级大风日为 30d 左右。乌兰布和沙漠地处我国西北地区荒漠半荒漠的前沿地带，其中流沙占 36.9%，半固定沙丘占 33.3%。

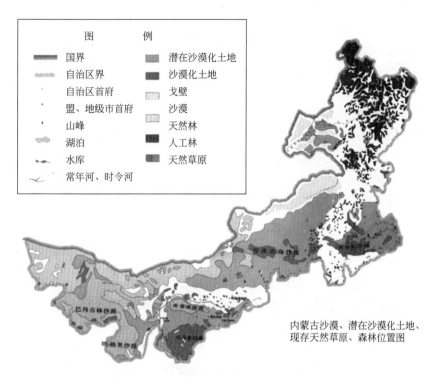

图例

国界		潜在沙漠化土地	
自治区界		沙漠化土地	
自治区首府		戈壁	
盟、地级市首府		沙漠	
山峰		天然林	
湖泊		人工林	
水库		天然草原	
常年河、时令河			

内蒙古沙漠、潜在沙漠化土地、
现存天然草原、森林位置图

图 2-1 内蒙古中西部地区沙漠和沙地分布图

4. 库布齐沙漠

库布齐沙漠位于内蒙古自治区鄂尔多斯高原脊线的北部。年大风天数为 25～35d，最大风暴可达 9 级。面积为 1.61 万 km²，在鄂尔多斯北部，临近黄河。以流动沙丘为主。

5. 毛乌素沙地

毛乌素沙地位于内蒙古自治区鄂尔多斯和陕西省榆林地区之间，面积达 4.22 万 km²，是中国四大沙地之一，昼夜温差较大，八级大风日为 25d 左右。以固定半固定沙丘为主，多新月型沙丘，高 5～10m，个别的高 10～20m。

6. 浑善达克沙地

浑善达克沙地是我国十大沙漠沙地之一，在内蒙古锡林郭勒草原南部，以固定半固定沙丘为主，其南部多伦县流沙移动较快，故又称小腾格里沙地。浑善达克沙地地势西南高，东北低，平均海拔 1300m，东西长约 450km，面积大约 5.2 万 km²，是内蒙古中部和东部的四大沙地之一，年平均风速 4～5m/s，最大风速可达 25m/s，年大风日数 25～40d。

7. 乌珠穆沁沙地

乌珠穆沁沙地位于内蒙古锡林郭勒盟，沙地面积为 456 万亩，是内蒙古五大沙地之一。该地区年平均风速 5m/s，九级大风日数为 40d 左右。

8. 科尔沁沙地

科尔沁沙地地处在西辽河流域，位于内蒙古自治区通辽市附近，沙地面积大约 5.06 万 km²，是中国最大的沙地。以固定半固定沙丘为主，高 10～20m，最高达 50m。该地区年平均风速 4～5m/s，3 月份最大风速可达 25m/s，年大风日数 28d 左右。

9.呼伦贝尔沙地

呼伦贝尔沙地位于内蒙古东北部呼伦贝尔高原，东部为大兴安岭西麓丘陵漫岗，西对达赉湖和克鲁伦河，南与蒙古相连，北达海拉尔河北岸，地势由东向西逐渐降低，且南部高于北部。该区东西长 270km，南北宽约 170km。面积近 1 万 km²，是中国的第四个沙地，多为固定半固定沙丘，高 5～15m，以满洲里至海拉尔铁路沿线最为典型。该地区年平均风速 4～5m/s，2～4 月份最大风速可达九级，年大风日数 30～50d 左右。

2.2　内蒙古中西部地区风沙气候条件

2.2.1　沙尘天气的分级

沙尘天气是沙尘暴、扬沙和浮尘天气的统称，它是一种由大风将地面沙尘吹（卷）起、或被高空气流带到下游地区而造成的一种大气混浊现象。沙尘天气对大气环境质量有明显影响，研究学者也从不同角度对沙尘浓度进行分级。

中国环境监测总站万本太等学者[2]通过统计沙尘天气、PM10 浓度数据及浓度数据，并结合我国沙尘天气的发生情况和特点，提出了基于颗粒物浓度的沙尘天气分级标准，研究结果如表 2-1 所示。

基于颗粒物浓度的沙尘天气分级　　　　　　　　　　　　　　　表 2-1

沙尘天气分级	TSP 浓度限值（小时值）	PM10 浓度限值（小时值）	持续时间
浮尘	$1.0 \leqslant TSP < 2.0$	$0.60 \leqslant PM_{10} < 1.00$	持续两小时以上
扬沙	$2.0 \leqslant TSP < 5.0$	$1.00 \leqslant PM_{10} < 2.00$	
沙尘暴	$5.0 \leqslant TSP < 9.0$	$2.00 \leqslant PM_{10} < 4.00$	持续一小时以上
强沙尘暴	$TSP \geqslant 9$	$TSP \geqslant 4$	

中国科学院、中国气象局的矫梅燕等学者[3]利用已有的关于能见度与沙尘浓度统计反演关系的研究成果，对沙尘天气进行了定量分级研究，提出了基于沙尘浓度的天气分级标准，研究了强沙尘暴、沙尘暴、扬沙的沙尘浓度，研究结果如表 2-2 所示。

沙尘天气类型与沙尘浓度对应关系　　　　　　　　　　　　　　表 2-2

沙尘天气分类	扬沙	沙尘暴	强沙尘暴
沙尘浓度($\mu g/m^3$)	800～3000	3000～9000	9000～15000

中国气象局主编的国家标准《沙尘暴天气等级》GB/T 20480—2006[4]中，将沙尘暴天气依次划分为浮尘、扬沙、沙尘暴、强沙尘暴和特强沙尘暴 5 个等级，如表 2-3 所示。

沙尘天气等级对应表 表2-3

沙尘天气等级	风速	空气浑浊程度	水平能见度
浮尘	无风或平均风速≤3.0m/s	尘沙浮游	<10km
扬沙	风将地面尘沙吹起	相当混浊	1km<水平能见度<10km
沙尘暴	强风将地面尘沙吹起	很混浊	<1km
强沙尘暴	大风将地面尘沙吹起	非常混浊	<500m
特强沙尘暴	狂风将地面尘沙吹起	特别混浊	<50m

2.2.2 内蒙古中西部地区沙尘暴时间分布

1. 沙尘暴的年代分布

图2-2是1960～2015年内蒙古中西部地区沙尘暴次数年代分布图,由图2-2可知,从20世纪60年代到90年代,沙尘暴的发生次数总体大致呈下降趋势。60年代沙尘暴发生次数占总体的33.7%,70年代占27.4%,80年代占15.3%,90年代则更少,占7.2%。其中,1966年为沙尘暴的频发年,沙尘暴发生次数为64次。1991年、1994年、1997年为沙尘暴的低发年,没有发生较大范围的沙尘暴,尽管总体趋势下降,但是从1999年起又有增高的趋势。进入21世纪,沙尘暴发生的次数又有所增加,2000～2010年沙尘暴发生次数占总体的15%,其中,2001年达到最多,之后开始减少,2004年沙尘暴次数最少,2005年开始呈波动增加趋势。2011～2015年沙尘暴发生次数一直在10次左右波动。

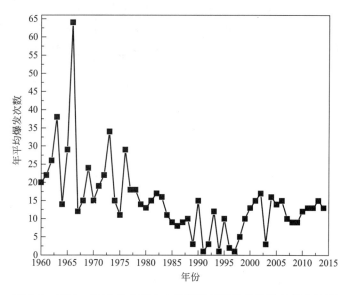

图2-2 1960～2015年内蒙古中西部地区沙尘暴次数年代分布图

2. 沙尘暴的季节分布

对内蒙古中西部地区不同年份沙尘暴月爆发次数进行统计[5],沙尘暴爆发次数月份分布如图2-3所示,从图中可以看出,春季(3～5月)是沙尘暴发生最多的时段,占全年的

80％左右。其中以 4 月最多，平均发生次数占全年的 29.5％，同时 4 月的沙尘暴与强沙尘暴出现次数也是最多的；3 月沙尘天气次数次之，平均发生次数占全年的 26.2％，再次是 5 月份，平均发生次数占全年的 22.9％。低发季节为夏秋季（7～9 月），平均发生次数占全年的 10％左右。

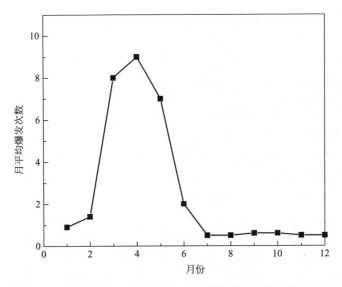

图 2-3　内蒙古中西部地区沙尘暴次数月份分布图

3.沙尘暴的日变化

图 2-4 是内蒙古中西部地区沙尘暴次数日变化图。从图中可以看出在 08：00～20：00 时沙尘暴发生的频率较大，14：00 时达到最大；沙尘暴发生次数的峰值主要出现在午后 14：00～16：00 时，这主要是由于大气的热对流不稳定触发了沙尘暴[6]，午后的近地面遇冷空气后极易发生沙尘暴。

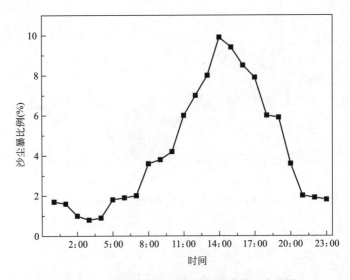

图 2-4　内蒙古中西部地区沙尘暴次数日变化图

2.2.3 内蒙古中西部地区沙尘暴空间分布

内蒙古中西部地区沙尘暴空间分布见图 2-5。由图可知，内蒙古中西部地区的沙尘暴发生的频率自西向东逐渐降低。沙尘暴的高发区是阿拉善盟北部地区，以拐子湖为中心的区域内 40 年平均每年沙尘暴的发生频率大于 25 日[7]。

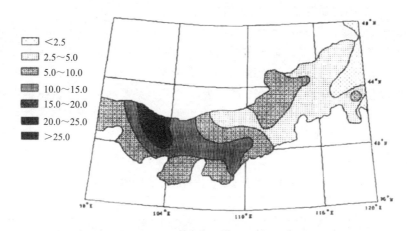

图 2-5　内蒙古中西部地区沙尘暴空间分布图（单位：日）

中国沙尘暴有 3 条移动路径[8]，如图 2-6 所示。西北路的主要影响范围是柴达木盆地、河套地区和内蒙古东部，该路沙尘天气较多，我国 76.9% 的沙尘暴来源于此路径；西路的影响范围新疆西部、河西走廊、河套和内蒙古东部，我国 15.4% 的沙尘暴来源于此路径，此路沙尘暴天气移动速度快、发生强度大并且影响范围广；北路的影响范围是新疆东部、

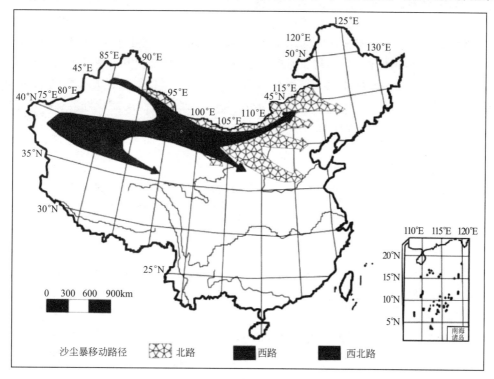

图 2-6　中国沙尘暴移动路径图

内蒙古地区和华北地区，沙尘暴只占总发生次数的 7.7％，此路径的沙尘暴是影响京津地区的主要源区。综合分析上述三条沙尘暴移动路径，其中西北路和北路经过内蒙古中西部地区。

2.2.4　不同范围强和特强沙尘暴发生频数分析

表 2-4 是按照强度和范围标准统计的内蒙古中西部地区的 1960～2016 年间不同范围强和特强沙尘暴发生次数情况。由表中可以看出，强沙尘暴共出现 194 次，占强和特强沙尘暴总次数的 83.3％。其中以小范围强沙尘暴最多，为 113 次，占强沙尘暴总次数的 58.2％。特强沙尘暴共 39 次，在这 39 次特强沙尘暴中，大范围特强沙尘暴出现了 22 次，占特强沙尘暴总次数的 56.4％。从统计结果也可得到内蒙古中西部地区强沙尘暴多为小范围，而特强沙尘暴多为大范围。一般而言，强度和范围存在着一定的正相关关系，即强度越强，其范围越大。

不同范围强沙尘暴和特强沙尘暴发生频数　　　　　　表 2-4

强　　度	范　围			
	局地	小范围	大范围	合计
强沙尘暴	46	113	35	194
特强沙尘暴	7	10	22	39

2.3　风沙环境主要冲蚀力学参数

本书以内蒙古中部鄂尔多斯地区库布齐沙漠和西部阿拉善地区腾格里沙漠两处地域为背景，研究沙尘暴的冲蚀力学参数。库布齐沙漠是中国第七大沙漠，南部为构造台地，中部为风成沙丘，北部为河漫滩地，总面积约 145 万公顷。腾格里沙漠是中国第四大沙漠，沙丘面积占 71％，以流动沙丘为主，面积 42700km² 。这两大沙漠能较好地反映内蒙古中西部地区的风沙情况，具有很好的实际意义。

2.3.1　风沙流粒子特征

风沙流粒子的特征是风沙的主要冲蚀力学参数之一，风沙特征不同，粒子对涂层的冲蚀磨损性能不同。沙粒的特征主要包括沙粒的粒径和沙粒的形状。

1.沙粒的粒径

库布齐沙漠沙粒粒径分布主要集中在 0.05～0.25mm 之间，约占总含量的 88％[9]；腾格里沙漠的沙粒粒径分布主要以细沙和中沙为主，沙粒粒径大多集中在 0.075～0.6mm 之间，占总含量的 98％左右[10]。

2.沙粒的形状

图 2-7、图 2-8 是通过扫描电子显微镜对两个沙漠沙粒观察的结果，由图可知沙漠沙粒的形状基本呈圆形或椭圆形，只有少数的尖角颗粒存在，这是由沙粒在运动过程中长时间的磨损造成的。

图 2-7　库布齐沙漠沙粒形状图

图 2-8　腾格里沙漠沙粒形状图

2.3.2　风沙流速度

风沙流速度的大小决定了沙尘暴的强弱，因此风沙流速度是影响涂层冲蚀磨损的一个重要指标。大风是形成沙尘暴天气的动力条件，内蒙古中西部地区风力大，每年达到起沙风速（≤4m/s）日数约为 200～300d。大风天气主要发生在春季，尤其是 8 级（17.3～20.8m/s）以上的大风[11]。

2.3.3　沙尘浓度

沙尘浓度是影响沙尘暴强度的一个重要因素，是衡量风沙流挟沙量的重要参数，也是影响涂层材料冲蚀磨损的主要外部因素。沙尘浓度与沙尘天气的级别有直接关系，具体沙尘浓度与沙尘天气等级对应关系详见 2.2.1 的内容。

2.4　本章小结

本章分析了内蒙古中西部地区风沙环境特征和沙尘暴的主要力学参数，主要有以下内容：

（1）中国沙尘暴的移动路径主要有三条：西北路、西路和北路，其中西北路和北路经过内蒙古中西部地区。

（2）内蒙古中西部地区沙尘暴的时间分布特征是：①沙尘暴年分布情况是从 20 世纪60～90 年代依次减少，2001～2010 年有增加趋势，2011～2015 年沙尘暴发生次数一直在10 次左右波动。②月分布情况是沙尘暴发生的高峰期在 4 月份，高发期为 3～5 月，低发期为夏秋季的 7～10 月。③08：00～20：00 时沙尘暴发生的频率较大，14：00 时达到最大。

（3）内蒙古中西部地区沙尘暴的空间分布情况是：沙尘暴发生频率自西向东逐渐降低。

（4）内蒙古中西部地区强沙尘暴多为小范围，而特强沙尘暴多为大范围。

（5）分析了内蒙古中西部地区风沙主要冲蚀力学参数的特征：风沙流粒子特征、风沙流速度和风沙流浓度。

本章参考文献

[1] 邱新法，曾燕，缪启龙.我国沙尘暴的时空分布规律及其源地和移动路径 [J].地理学报，2001，56 (3)：316-322.

[2] 万本太，康晓风，张建辉等.基于颗粒物浓度的沙尘天气分级标准研究 [J].中国环境监测，2004，20 (3)：10-13.

[3] 矫梅燕，赵琳娜，卢晶晶等.沙尘天气定量分级方法研究与应用 [J].气候与环境研究，2007，12 (3)：351-353.

[4] 牛若芸，田翠英，毕宝贵等.沙尘暴天气等级，气象标准汇编2005-2006，北京：气象出版社，2008，25-31.

[5] 高涛.内蒙古沙尘暴的调查事实、气候预测因子分析和春季沙尘暴预测研究（上）[J].内蒙古气象，2008，2：3-6.

[6] 吴占华，任国玉.我国北方区域沙尘天气的时间特征分析 [J].气象科技.2011，35 (1)：96-99.

[7] 高涛，徐永福，于晓.内蒙古沙尘暴的成因、趋势及其预报 [J].干旱区资源与环境，2004，18 (1)：220-229.

[8] 杨艳，王杰，田明中等.中国沙尘暴分布规律及研究方法分析 [J].中国沙漠，2012，32 (2)：465-470.

[9] 王文彪，范悦会.库布齐沙漠流动沙丘与固定沙丘沙物质粒径分析的研究 [J].内蒙古林业科技，2011，37 (1)：23-27.

[10] 李恩菊.巴丹吉林沙漠与腾格里沙漠沉积物特征的对比研究 [J].西安：陕西师范大学博士学位论文，2011.

[11] 刘艳萍.内蒙古中西部地区沙尘暴特征及成因研究 [J].内蒙古农业大学学报，2001，22 (4)：56-60.

第 **3** 章
钢结构涂层的制备及其物理力学性能测定

本章介绍了钢结构涂层的分类及各自特点，并按照《钢结构工程施工质量验收规范》GB 50205—2001，利用喷涂设备，制作了油漆涂层和镀锌镀层作为试验研究对象，并对两种涂层的厚度、密度、硬度、柔韧性、附着力等级和与基材的结合强度进行了测定。

3.1 钢结构涂层的种类

涂层对钢结构的保护主要体现在屏蔽作用、缓蚀作用以及镀锌涂层的阴极保护作用三个方面。合理应用涂层技术可以大大减小钢结构表面被腐蚀或磨损的破坏程度，研究和发展先进防护涂层技术具有重大的技术和经济意义。常用钢结构涂层的种类、特点及其适用环境如表 3-1 所示。

常用钢结构涂层的种类、特点及其适用环境   表 3-1

序　号	种　类	特　点	适用环境
1 醇酸系列	红丹防锈漆 2 遍＋醇酸底漆 2 遍＋醇酸磁漆 2～3 遍	致密和结实涂层,具有较好的附着力、光泽性、坚韧性、防水性、附着力、保色性,但耐酸碱、耐水性差,只能用于室内,不能用于室外	无侵蚀作用环境
	铁红防锈漆 2 遍＋醇酸底漆 2 遍＋醇酸磁漆 2～3 遍		
	醇酸云铁防锈漆 2 遍＋醇酸磁漆 2～3 遍		
2 环氧系列	铁红环氧底漆＋环氧云铁中漆＋环氧面漆	与钢结构表面之间有优异的物理、力学性,不耐紫外线,附着力、耐碱、耐盐水、绝缘性、防腐蚀性好	室内外弱侵蚀环境或中等侵蚀环境及承重部位
	铁红环氧底漆＋环氧防腐漆＋环氧面漆		
	环氧富锌底漆 1 遍＋环氧云铁中漆 2 遍		

续表

序　号	种　类	特　点	适用环境
3 聚氨酯系列	聚氨酯底漆 1 遍＋聚氨酯磁漆 2～3 遍＋聚氨酯清漆 1～3 遍	不耐紫外线,附着力、耐碱、防腐蚀性好	
4 氯化橡胶系列	氯磺化聚乙烯底漆 1 遍＋氯磺化聚乙烯中间漆 1～2 遍＋氯磺化聚乙烯面漆 2～3 遍	涂膜坚硬,耐候性、保光性和稳定性优良	室内外弱侵蚀环境或中等侵蚀环境及承重部位
5 氟碳涂层	富锌底漆 1 遍＋环氧铁红封闭漆 2 遍＋环氧云铁中涂 2 遍＋氟碳面漆 2 遍	其性能指标均数倍优于普通涂料高档装饰,超长耐久,不粘尘,有自洁功能,具有优异的耐光、耐候性、耐盐性、耐洗性、不粘附性;操作更简易,翻新容易,不受建筑物形状的限制	室内外弱侵蚀环境或中等侵蚀环境及承重部位
6 有机硅涂层	富锌底漆 1 遍＋环氧铁红封闭漆 2 遍＋环氧云铁中涂 2 遍＋有机硅涂层 2 遍	优异的耐候性、耐高温、耐低温、电绝缘性能、疏水性	室内外弱侵蚀环境或中等侵蚀环境及承重部位
7 防火涂层	超薄型	外观平整,与基材结合力强,耐冲击、抗震性好。可配制多种颜色、装饰效果好等特点。涂料刷在钢结构表面时可起到防火、防腐、装饰作用	工业与民用建筑
	薄涂型		
	厚涂型		
8 镀锌涂层	H06-1-2 环氧锌粉底漆 2 遍＋919 环氧锌粉漆	优良的物理性能,具有阴极保护作用,防锈性、附着力好	电力系统的输变电线路器材、变电所、电厂等钢结构

3.2　钢结构涂层的制备

　　钢结构涂层的制备主要包括涂层的基材和材料的选择、试件的制作、喷涂装置的构建以及涂层的喷涂等。

3.2.1　试件材料的选择

　　1. 基材的选择

　　试件的基体材料选用普通碳素钢薄钢板,它是一种以铁、碳、锰、硫、磷为主要含量的薄钢板,碳素薄钢板在钢材中应用广泛。它的用途有两种,一是直接用于加工各类产品;二是用来加工其他钢材制品,如钢管、涂层钢板等。选用此种钢材具有一定的代表性。

　　2. 涂层材料的选择

　　试件表面涂层材料选用由山东奔腾漆业有限公司生产的奔腾铁红醇酸防锈漆(底漆)和由河北晨虹油漆有限公司生产的晨虹磁漆(面漆)。油漆的特征见表 3-2。

油漆特征 表 3-2

油漆名称	产品组成	产品特点	用　　途
醇酸防锈漆（底漆）	醇酸树脂、防锈颜料、填料、助剂等组成	干燥快，附着力优良，易施工等优点	适用于钢铁设备、钢结构等的防锈涂装
晨虹磁漆（面漆）	醇酸树脂、颜料、填料、助剂和溶剂组成	漆膜丰满平滑、上硬度快、柔韧性好	用于桥梁、输电塔架等金属结构表面

3.2.2 涂层的喷涂

喷涂装置由 SANOU 空气压缩机、K-3 型喷漆枪和工作室三部分组成，如图 3-1 所示。喷涂参数：气压为 0.8～1.0MPa，喷涂电压为 380V，气体流量为 6～8m³/min，喷涂距离为 200～300mm。

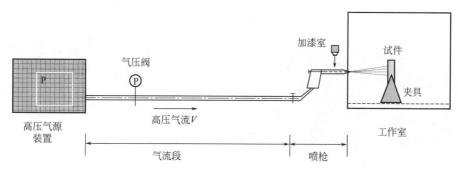

图 3-1　喷涂装置示意图

3.2.3 涂层的制备

（1）用砂纸把基材表面锈蚀、氧化皮打磨干净，有油污的部位，用醇酸稀料擦洗除净，确保基材表面无油、无锈、无松动氧化皮，呈现金属光泽。

（2）将钢板制作成 40mm×40mm 的钢片，最后用丙酮棉签擦洗干净，干燥后备用。

（3）按照《钢结构工程施工质量验收规范》GB 50205—2001 中"钢结构涂装工程"工艺要求进行喷涂。喷涂时为了确保厚度和干燥程度，分多次进行喷涂，每次间隔时间为产品规定的标准干燥时间。喷涂的底漆和面漆如图 3-2 和图 3-3 所示。

图 3-2　喷涂的底漆

图 3-3　喷涂的面漆

3.3　钢结构涂层的物理力学性能指标的测定

涂层的物理力学性能指标包括涂层的厚度、密度、硬度、柔韧性、涂层与基材的附着力等级和结合强度，其中涂层的硬度、柔韧性、涂层与基材的附着力等级和结合强度是与青岛科标分析检测中心合作进行检测的。

3.3.1　涂层厚度和密度的测定

1.涂层的厚度

测试方法有千分尺法和磁性测厚仪法两种方法，其单位都以 μm 表示。磁性测厚仪法测量结果受镀层影响大，因此，本试验采用千分尺法测量涂层厚度。所采用的千分尺如图 3-4 所示，试件结构的示意图如图 3-5 所示。

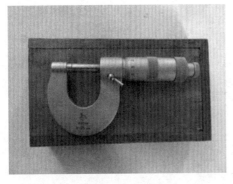

图 3-4　千分尺

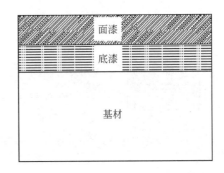

图 3-5　试件结构示意图

试件喷涂前测量基体的厚度，选取基体上 3 个不同的点，依次进行测量，取 3 次测量的平均值为所测基体的厚度。喷涂完毕后，待涂层干燥，再对试件厚度测量 3 次取其平均值，前后两者平均值之差即为涂层的厚度。测试结果显示，底漆的平均厚度约为 $400\mu m$，面漆的平均厚度约为 $600\mu m$。涂层的平均厚度为 $1000\mu m$。同一试件的厚度均匀、平整度好，满足试验要求。

2.涂层密度测量

采用测定体积和质量的传统方法对涂层的密度进行测量。体积 V 的测定采用如图 3-6 所示的两组模具，其形状为规则的长方体，其体积为：

模具 1：
$$V_1 = 1.8\text{cm} \times 1.8\text{cm} \times 2.7\text{cm} = 8.748\text{cm}^3 \tag{3-1}$$

模具 2：
$$V_2 = 1.8\text{cm} \times 1.8\text{cm} \times 2.5\text{cm} = 8.1\text{cm}^3 \tag{3-2}$$

质量 M 的测定采用如图 3-7 所示的电子天平，此天平为精密分析天平，其测量精度为 0.1mg，将涂层材料装入模具，待涂层完全干燥之后，再测定其质量。本试验的测定结果为 $M_1 = 15.39\text{g}$，$M_2 = 18.37\text{g}$。其密度为：

$$\rho_1 = \frac{M_1}{V_1} = \frac{15.39\text{g}}{8.748\text{cm}^3} = 1.7\text{g/cm}^3 \tag{3-3}$$

$$\rho_2 = \frac{M_2}{V_2} = \frac{18.37\text{g}}{8.1\text{cm}^3} = 2.3\text{g/cm}^3 \tag{3-4}$$

平均式（3-3）和式（3-4）得，$\rho = 2.0 \text{g/cm}^3$。

图 3-6 模具

图 3-7 精密分析天平

3.3.2 涂层的硬度测定

1. 测定方法

（1）铅笔测定法

涂层硬度是衡量涂层机械强度和性能优劣的重要指标。本试验按照《色漆和清漆 铅笔法测定漆膜硬度》GB/T 6739—2006 初步测定涂层硬度。铅笔硬度法是采用已知硬度标号的铅笔刮划涂层，以能够穿透涂层到达底材的铅笔硬度来表示涂层硬度的测定方法。标准规定采用中华牌高级绘图铅笔，其硬度为 9H、8H、7H、6H、5H、4H、3H、2H、H、F、HB、B、2B、3B、4B、5B、6B 共 16 个等级，9H 最硬，6B 最软。

图 3-8 为漆膜铅笔硬度试验，试验中每刮划一道要对笔芯尖端重新研磨，同一硬度铅笔重复刮划 5 道。最后按照标准规定的刮破情况评定涂层硬度。本试验测定的涂层硬度为 B 级，硬度较小。

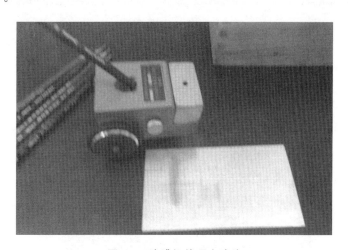

图 3-8 漆膜铅笔硬度试验

（2）微米压痕试验测定法

本研究利用微米压痕试验来测量钢结构涂层的硬度和弹性模量，微米压痕试验是一种

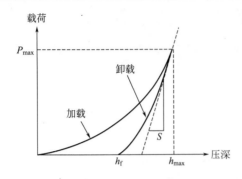

图 3-9　典型加卸载—压深原理关系

研究材料表面力学的先进方法，试验原理为利用微压头压入材料表面，在压入过程中材料先发生弹性变形，之后发生塑性变形，加载曲线呈非线性。卸载曲线反映了被测材料的弹性恢复过程。材料的纳米硬度和弹性模量可以利用加卸载曲线得到[1-2]。加卸载过程中典型的压入荷载 P 与压深 h 之间关系如图 3-9 所示。

研究使用的是瑞士 CSM 微米压痕仪，如图 3-10 所示。载荷范围：$0 \sim 500\text{mN}$、载荷分辨率：40mN、最大压入深度：$200\mu\text{m}$、位移分辨率：0.04nm。试验压痕控制深度为 60000nm，不到涂层厚度的 1/10，所以钢结构基体对涂层硬度和弹性模量没影响，试验时加载率 50mN/min，卸载率 100mN/min，间隔 30s，压痕形貌如图 3-11 所示。在涂层不同部位取 7 个测点，测量后取其平均值。

图 3-10　CSM 微米压痕仪

图 3-11　压痕形貌图

2.测定结果

（1）纳米压痕试验特征曲线

图 3-12 为纳米压痕试验得到的载荷与压痕深度特征曲线。如图所示，载荷与压痕深度特征曲线可以分为加载和卸载两个过程。

加载过程又可以分为两段：

1）在 OA 段（$T = 0 \sim 136.686$s），加载曲线基本呈线性关系，涂层材料表面首先发生弹性变形，在加载时间为 $T = 136.686$s 时，载荷达到最大值 $P = 108.032$mN，此时的压痕深度 $Pd = 62466.5$nm；

2）在 AB 段（$T = 136.686 \sim 145.969$s），载荷变化缓慢，压痕深度不断增大，试样开始发生塑性变形，加载曲线呈非线性关系，在 $T = 145.969$s 时，载荷为 $P = 107.976$mN，此时的压痕深度达到最大值 $Pd = 64256.74$nm。

卸载过程也可以分为两段：

1）在 BC 段，时间段为 $T = 145.969 \sim 169.639$s，这一段中压痕深度没有变化，其值为 $Pd = 64256.74$nm，载荷由 $P = 107.976$mN 减到 88.949mN；

2）在 CD 段（$T = 169.639 \sim 223.013$s），压头退出，压痕深度由 $Pd = 64256.74$nm 减到 $Pd = 27161.27$nm。此时仅弹性位移恢复，而塑性变形（压痕深度 $Pd = 27161.27$nm）被保留下来。

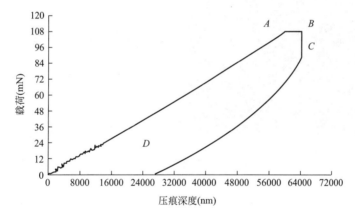

图 3-12 载荷与压痕深度特征曲线

（2）涂层硬度和弹性模量测试结果

在涂层不同部位取 7 个测点取其平均值，表 3-3 为涂层硬度值测量结果，硬度范围在 1.8718 ~ 2.5883MPa 之间，平均值为 2.1516MPa。

涂层硬度测量结果　　　　　　　　　　　　　　　　　　　　表 3-3

项　　目	硬度测量值（MPa）							平均值（MPa）
测　　点	1	2	3	4	5	6	7	
硬度值	1.8877	1.8718	1.9342	2.0632	2.2601	2.5883	2.456	2.1516

表 3-4 为涂层弹性模量测量值结果，弹性模量测量值范围在 14.207 ~ 18.032MPa 之间，平均值为 15.62MPa。

涂层弹性模量测量结果　　　　　　　　　　　　表 3-4

项　　目	弹性模量测量值（MPa）							平均值（MPa）
测　　点	1	2	3	4	5	6	7	
弹性模量值	15.832	14.618	14.207	14.925	16.026	18.032	15.72	15.62

3.3.3　涂层的柔韧性测定

　　涂层柔韧性是涂层适应其承载体变形运动的能力。柔韧性是涂层抗冲蚀性能的重要指标，也是涂料的重要物理性能。

　　本试验使用漆膜柔韧性测定仪，按照国家标准《漆膜柔韧性测定法》GB 1731—1993[3] 中规定使用的轴棒法测定涂层柔韧性。漆膜柔韧性测定仪如图 3-13 所示，漆膜柔韧性测定仪由 7 个直径不同的钢制轴棒固定在底座上组成。轴棒直径依次为 15、10、5、4、3、2 和 1（单位：mm）。试验时涂层柔韧性用以不引起涂层破坏的最小轴棒直径来表示。试验操作时，试板涂膜朝上，双手将试板紧压于轴棒上，绕轴棒弯曲试板，在 2～3s 内完成，用 4 倍放大镜检查涂膜有无破损现象。

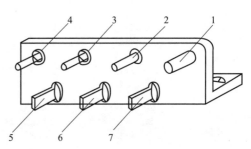

图 3-13　漆膜柔韧性测定仪

　　柔韧性评定时分为 7 个等级，以"mm"表示，分别为 15mm、10mm、5mm、4mm、3mm、2mm 和 1mm。其中 1mm 最优，15mm 最差，本次钢结构涂层的柔韧性测定结果为 4mm，柔韧性较好。

3.3.4　涂层附着力等级的测定

　　附着力是评价涂层性能的一个重要指标。作为耐磨涂层，涂层必须具备良好的附着力，否则涂层很容易被破坏。

　　本试验根据《色漆和清漆　漆膜的划格试验》GB/T 9286—1998[4] 中规定的测试方法对涂层的附着力等级进行测定。试验如图 3-14 所示。

　　该标准根据切割涂层的破坏情况来评定涂层的附着力等级，试验结果分为 0～5 级，0 级最好，5 级最差。本试验测定的涂层的附着力等级为 0 级，涂层附着力等级为优。

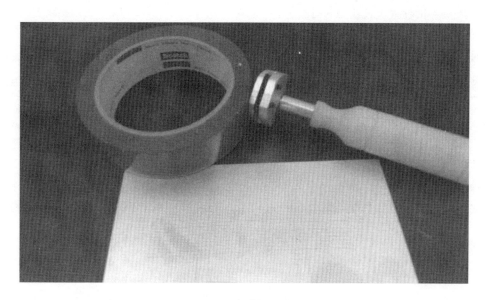

图 3-14　漆膜划格试验

3.3.5　涂层/基材的结合强度测定

结合强度反映涂层的力学性能，也是评价涂层性能的重要指标。按照《建筑防水涂料试验方法》GB/T 16777—2008 在电子万能拉力机（图 3-15）上进行测定，对 5 个试样进行 5 次测量，取平均值作为结合强度测定值。

试验时将粘有拉伸用上夹具的试件安装在试验机上，如图 3-16 所示，保持试件表面垂直方向的中线与试验机夹具中心在一条直线上，以 $5\pm1mm/min$ 的速度拉伸试件至破坏，记录试件的最大拉力。试验温度为 $23\pm2℃$。

图 3-15　电子万能拉力机

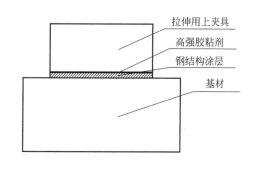

图 3-16　安装示意图

结合强度如式（3-5）：

$$\sigma = F/(a \times b) \qquad (3-5)$$

式中　σ——结合强度（MPa）；

F ——试件最大拉力（N）；

a、b ——试件粘结面长和宽（mm）。

对 5 个试样进行 5 次测量，取平均值作为结合强度测定值。测定结果见表 3-5。

涂层结合强度测定结果 表 3-5

测试名称	结合强度（MPa）					平均值（MPa）
测试次数	1	2	3	4	5	
结合强度	2.3	0.9	3.3	3.0	1.8	2.3

涂层与基材的平均结合强度为 2.3MPa，结合强度较低，这主要是由于涂层与钢结构基材之间的热膨胀系数失配造成的，一般而言，有机材料的热膨胀系数高于金属材料 10 倍以上。

3.4 本章小结

本章按照《钢结构工程施工质量验收规范》GB 50205—2001，利用喷涂设备，制作了试验所需的钢结构涂层，并对钢结构涂层的力学性能进行了测定：

（1）涂层厚度是涂层内在质量的保证，它直接影响产品的耐腐性能、应力以及使用寿命等。利用机械法（千分尺）测量了涂层厚度，不同试件厚度不同，分布在 800～1000μm。同一试件的厚度均匀、平整度较好，满足试验要求。涂层密度测量结果为 2.0g/cm^3。

（2）按照《色漆和清漆 铅笔法测定漆膜硬度》GB/T 6739—2006 测定了涂层的硬度。初步测试结果显示涂层的硬度为 B 级，硬度较小。应用微米压痕仪测量涂层的硬度和弹性模量。在涂层不同部位取 7 个测点取其平均值，涂层硬度值测量结果范围在 1.8718～2.5883MPa 之间，平均值为 2.1516MPa；涂层弹性模量测量结果范围在 14.207～18.032MPa 之间，平均值为 15.62MPa。并对纳米压痕试验特征曲线和测量结果进行分析讨论。

（3）使用漆膜柔韧性测定仪，按照国家标准《漆膜柔韧性测定法》GB/T 1731—1993 中规定的轴棒法测定了涂层柔韧性。测定仪器选用 QTX 型漆膜柔韧性测定器，本次钢结构涂层的柔韧性测定结果为 4mm，柔韧性较好。

（4）根据《色漆和清漆 漆膜的划格试验》GB/T 9286—1998 中规定的测试方法对漆膜的附着力等级进行了测定。本试验测定的涂层的附着力等级为 0 级，涂层附着力为优。

（5）采用《建筑防水涂料试验方法》GB/T 16777—2008 在电子万能拉力机上对涂层/基材结合强度的测定进行了测定。涂层与基材的平均结合强度为 2.3MPa，结合强度较低。

本章参考文献

[1] 张泰华，杨业敏.纳米硬度技术的发展和应用.力学进展，2002，32（3）：4603-4616.

[2] Olive WC, Pharr GM, An improved technique for determining hardness and elastic modulus using

load and displacement sensing indentation experiment，Journal of Materials Research，1992，7（6）：1564-1583.

[3]　中华人民共和国国家标准.漆膜柔韧性测定法 GB/T 1731—1993.国家技术监督局，1993 年 12 月 1 日实施.

[4]　中华人民共和国国家标准.色漆和清漆　漆膜的划格试验 GB/T 9286—1998.国家技术监督局，1999 年 6 月 1 日实施.

第 **4** 章

风沙冲击作用下钢结构涂层及其与基体界面冲蚀磨损理论分析

本章应用弹性力学和接触力学的基本原理和方法，建立风沙流粒子冲蚀钢结构涂层的力学模型，对涂层受风沙流粒子冲蚀磨损的力学行为进行理论分析和计算；应用界面力学及断裂力学对风沙粒子冲击涂层与钢结构基体后涂层与钢结构基体界面的破坏机理进行理论分析，研究涂层基体界面的力学性能可为复合材料的性能设计及结构寿命的评价提供基本的理论依据。

4.1　风沙冲击作用下钢结构涂层冲蚀磨损力学行为及其理论分析

4.1.1　风沙流粒子冲蚀接触力学模型

　　风沙环境中沙粒子稀释于气体中，沙粒子每次与钢结构表面涂层的撞击可看成独立的，设某时刻 t，半径为 r，质量为 m_1 的沙粒子以速度 V_0 开始对钢结构表面涂层弹性撞击，因沙粒子微小，其转动惯性可不考虑，双方接触区材料变形惯性力及涂层弧面影响可忽略，问题简化成以速度 V_0 运动的沙粒子与钢结构表面涂层平面体的准静态碰撞模型图 4-1。根据 Hertz 弹性接触理论[1]，忽略变形惯性后，静态问题的分析结论可作为这一动态问题的很好近似。

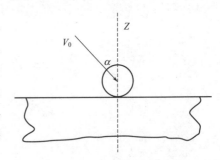

图 4-1　粒子冲蚀接触力学模型

4.1.2　撞击接触分析理论

　　无摩擦弹性体之间撞击的经典理论是由 Hertz[1] 提出的，并直接从他的静力弹性接触理论中得出。假定变形限制于微小的接触区域内，忽略物体中的弹性波动，并假定每一物体的总质量在任一瞬时都以质量中心的速度运动，其荷载与变形的关系与 Hertz 静力理论的结论近似，这样分析是准静态的。

　　1.弹性接触 Hertz 理论

　　1882 年 Hertz 在研究两个玻璃透镜之间间隙中的 Newton 光学干涉条纹受到启发，对接触处的应力和位移作了系统的分析和研究，提出弹性接触 Hertz 理论[1]。论文第一次公开发表就引起了人们的关注，除了静载之外，他还研究了球体的准静态碰撞问题。Hertz 理论经受住了时间的考验，直到现在其仍然是分析接触问题的主要理论。

根据本文研究对象的特点，考虑接触区尺寸时，接触区可设为半径为 a 的圆面积，接触区表面上距接触中心点距离为 $r(r \leqslant a)$ 的某点法向压力由 Hertz 理论给出：

$$p(r) = p_0 \left[1 - \frac{r^2}{a^2} \right]^{\frac{1}{2}} \tag{4-1}$$

式中　r——接触区表面某点距接触中心点的距离，$r \leqslant a$；

　　$p(r)$——距接触中心点距离为 r 的点处的法向压应力；

　　p_0——接触中心点处的法向压应力。

在接触区上积分可得法向总载荷 P 与 p_0 的关系：

$$P = \int_0^a p(r) 2\pi r \mathrm{d}r = \frac{2}{3} p_0 \pi a^2 \tag{4-2}$$

由式（4-2）可以得到最大压应力 p_0 是平均压应力 $p_m (p_m = P/\pi a^2)$ 的 1.5 倍。

若给定总荷载 P，令：$\frac{1}{E^*} = \frac{1-\mu_1^2}{E_1} + \frac{1-\mu_2^2}{E_2}$，$\frac{1}{R} = \frac{1}{R_1} + \frac{1}{R_2}$（$E_1, E_2, \mu_1, \mu_2$ 分别为接触双方材料的弹性模量和泊松比，R_1, R_2 分别为双方接触点的曲率半径），当粒子与半空间表面接触时 $R_2 \to \infty$，此时有以下表达式：

接触区半径：
$$a = \left[\frac{3PR}{4E^*} \right]^{\frac{1}{3}} \tag{4-3}$$

法向变形：
$$\delta_z = \frac{a^2}{R} = \left[\frac{9P^2}{16RE^{*2}} \right]^{\frac{1}{3}} \tag{4-4}$$

接触面中心点压应力：
$$p_0 = \frac{3P}{2\pi a^2} = \left[\frac{6PE^{*2}}{\pi^3 R^2} \right]^{\frac{1}{3}} \tag{4-5}$$

接触表面上（$z=0$）半径为 r 点的法向与切向位移为（z 向下为正）：

$$U_z(r) = \frac{(1-\mu^2)}{E^*} \frac{\pi p_0}{4a}(2a^2 - r^2) \quad (r \leqslant a) \tag{4-6a}$$

$$U_z(r) = -\frac{(1-\mu^2)}{E^*} \frac{P}{2a} \left[(2a^2 - r^2) \sin^{-1}(a/r) + \frac{ar^2}{r} \left[1 - \frac{a^2}{r^2} \right]^{\frac{1}{2}} \right] \quad (r > a) \tag{4-6b}$$

$$U_r(r) = -\frac{(1-2\mu)(1+\mu)}{3E^*} \frac{a^2}{r} p_0 \left[1 - \left[1 - \frac{r^2}{a^2} \right]^{\frac{3}{2}} \right] \quad (r \leqslant a) \tag{4-6c}$$

$$U_r(r) = -\frac{(1-2\mu)(1+\mu)}{3E^*} p_0 \frac{a^2}{r} \quad (r > a) \tag{4-6d}$$

表面上（$z=0$）接触区内半径为 $r(r \leqslant a)$ 点的应力为：

$$\frac{\sigma_r}{p_0} = \frac{1-2\mu}{3} \left[\frac{a^2}{r^2} \right] \left[1 - \left[1 - \frac{r^2}{a^2} \right]^{\frac{3}{2}} \right] - \left[1 - \frac{r^2}{a^2} \right]^{\frac{1}{2}} \tag{4-7a}$$

$$\frac{\sigma_\theta}{p_0} = -\frac{1-2\mu}{3} \left[\frac{a^2}{r^2} \right] \left[1 - \left[1 - \frac{r^2}{a^2} \right]^{\frac{3}{2}} \right] - 2\mu \left[1 - \frac{r^2}{a^2} \right]^{\frac{1}{2}} \tag{4-7b}$$

$$\frac{\sigma_z}{p_0} = -\left(1 - \frac{r^2}{a^2}\right)^{\frac{1}{2}} \quad (\text{Hertz 压力}) \tag{4-7c}$$

表面上（$z=0$）在接触区外部为 $r(r > a)$ 各点的径向与环向应力为：

$$\frac{\sigma_r}{p_0} = -\frac{\sigma_\theta}{p_0} = (1 - 2\mu)\frac{a^2}{3r^2} \tag{4-8}$$

在接触区外部，径向应力 σ_r 为拉应力，比较式（4-7a）则可知在 $r=a$ 处的径向应力是接触区内外的拉应力最大值。

图 4-2 为材料表面冲击接触区内外部各点应力分布情况，图中 p_m 平均压应力 $p_m = P/\pi a^2$。

进一步作分析还可以得到撞击接触点正下方材料内部对称轴 $Z(r=0)$ 上各点的主应力 σ_r，σ_θ，σ_z 的表达式：

$$\frac{\sigma_r}{p_0} = \frac{\sigma_\theta}{p_0} = -(1+\mu)\left[1 - \left(\frac{z}{a}\right)\tan^{-1}\left(\frac{a}{z}\right)\right] + \frac{1}{2}\left(1 + \frac{z^2}{a^2}\right)^{-1} \tag{4-9a}$$

$$\frac{\sigma_z}{p_0} = -\left(1 + \frac{z^2}{a^2}\right)^{-1} \tag{4-9b}$$

图 4-3 为对称轴 Z 上各点的各应力分布。主剪应力 $\tau_1 =$（主应力）$/2 = (\sigma_z - \sigma_r)/2$，可得在对称轴上 $z = 0.57a$ 处，剪应力最大值 $\tau_{1max} = 0.31p_0$，这是整个剪应力场中的最大值，比原点处剪应力 $|\sigma_z - \sigma_r|/2 = 0.1p_0$ 大，而且还超出表面上接触区边缘的剪应力 $|\sigma_r - \sigma_\theta|/2 = 0.13p_0$。剪应力极值点即是材料接触流动的起始点，因此可以预计塑性流动将在表面下方开始发生。

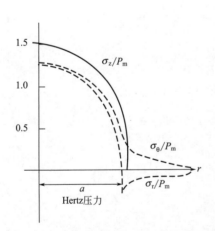

图 4-2　作用在半径为 a 的圆形域上的 Hertz 压力所引起的应力在表面上的分布

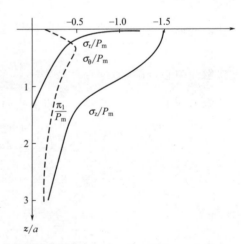

图 4-3　作用在半径为 a 的圆形域上的 Hertz 压力所引起的应力沿对称轴的分布

2. 弹性撞击接触分析

（1）球的对心撞击

如图 4-4 所示，设半径为 R_1 和 R_2，质量为 m_1 和 m_2 的两个球，沿中心线 Z 轴分别以初速度 V_{z10}，V_{z20} 发生对心碰撞，此时 $V_{x1} = V_{x2} = \omega_{y1} = \omega_{y2} = 0$。

在撞击过程中，因双方弹性变形，它们的中心相互接近一个位移 δ_z，两球体速度减

为 V_{z1} 和 V_{z2}，则接近的相对速度为：$\mathrm{d}\delta_z/\mathrm{d}t = V_{z2} - V_{z1}$，若 $P(t)$ 为撞击过程中任一瞬时的法向接触动力，根据动力学原理可写出 $P(t)$ 与运动的关系式：

$$P(t) = m_1 \frac{\mathrm{d}V_{z1}}{\mathrm{d}t} \qquad (4\text{-}10\mathrm{a})$$

$$P(t) = -m_2 \frac{\mathrm{d}V_{z2}}{\mathrm{d}t} \qquad (4\text{-}10\mathrm{b})$$

合成式（4-10a）、式（4-10b）可得：

$$-\frac{m_1 + m_2}{m_1 m_2} P(t) = \frac{\mathrm{d}}{\mathrm{d}t}(V_{z2} - V_{z1}) = \frac{\mathrm{d}^2 \delta_z}{\mathrm{d}t^2}$$
$$(4\text{-}11)$$

由旋转体接触的 Hertz 静弹性接触理论[1] 可得到以下关系（即由式（4-4）得到力与法向压缩量关系）：

$$P = \frac{4}{3} R^{\frac{1}{2}} E^* (\delta_z)^{\frac{3}{2}} = K (\delta_z)^{\frac{3}{2}} \qquad (4\text{-}12)$$

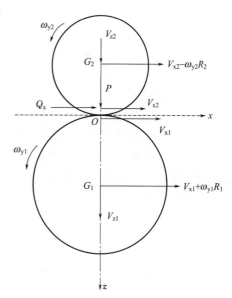

图 4-4　两球碰撞模型

式中，$K = \frac{4}{3} R^{\frac{1}{2}} E^*$、$\frac{1}{E^*} = \frac{1 - \mu_1^2}{E_1} + \frac{1 - \mu_2^2}{E_2}$、$\frac{1}{R} = \frac{1}{R_1} + \frac{1}{R_2}$（$E_1$、$E_2$、$\mu_1$、$\mu_2$ 分别为接触双方材料的弹性模量和泊松比，R_1，R_2 分别为双方接触点的曲率半径），令：$\frac{1}{m} = \frac{1}{m_1} + \frac{1}{m_2}$，将式（4-11）简化为：

$$m \frac{\mathrm{d}^2 \delta_z}{\mathrm{d}t^2} = -K (\delta_z)^{\frac{3}{2}} \qquad (4\text{-}13)$$

对 δ_z 积分一次得：

$$\frac{1}{2}\left[V_{z0}^2 - \left(\frac{\mathrm{d}\delta_z}{\mathrm{d}t}\right)^2 \right] = \frac{2K}{5m}(\delta_z)^{\frac{5}{2}} \qquad (4\text{-}14)$$

式中，$V_{z0} = V_{z20} - V_{z10}$ 为撞击靠近时的初速度。

当 $\frac{\mathrm{d}\delta_z}{\mathrm{d}t} = 0$ 时，总压缩变形 δ_z 达到最大值 $\delta_{z, \max}$：

$$\delta_{z, \max} = \left(\frac{5m V_{z0}^2}{4K}\right)^{\frac{2}{5}} = \left(\frac{15m V_{z0}^2}{16\sqrt{R} E^*}\right)^{\frac{2}{5}} \qquad (4\text{-}15)$$

由式（4-12）得法向最大撞击力 $P_{\max}$ 为：

$$P_{\max} = K \delta_{z, \max}^{\frac{3}{2}} = \left(\frac{125}{64} m^3 K^2 V_{z0}^6\right)^{\frac{1}{5}} \qquad (4\text{-}16)$$

对式（4-14）进行再一次积分，可以得到压缩量随时间的关系式：

$$t = \frac{\delta_{z, \max}}{V_{z0}} \int \frac{\mathrm{d}(\delta_z/\delta_{z, \max})}{[1 - (\delta_z/\delta_{z, \max})^{5/2}]^{1/2}} \qquad (4\text{-}17)$$

因分析是理想弹性的，又未考虑摩擦，两球在达到最大压缩量后重新恢复原状态，所以撞击过程还是对称的，撞击总时间：

$$T = 2t = \frac{2\delta_{z,\max}}{V_{z0}} \int_0^1 \frac{\mathrm{d}(\delta_z/\delta_{z,\max})}{[1-(\delta_z/\delta_{z,\max})^{5/2}]^{1/2}} = 2.94 \left[\frac{\delta_z}{\delta_{z,\max}}\right] = 2.87 \left[\frac{m^2}{RE^{*2}V_{z0}}\right]^{1/5}$$

(4-18)

（2）球的斜撞击

如图 4-4 所示的两球体在撞击前后若考虑撞击点的法向速度 V_z、切向速度 V_x 及旋转角度 ω_y，即为斜碰撞问题。对于无摩擦表面，球的切向运动及旋转运动不受撞击的干扰。相反，在考虑摩擦的情况下，则接触面出现切向力，它将以复杂的方式影响运动。以 Q_x 表示合摩擦力，根据动力学原理，可以列出切向的线动量方程：

$$Q_x = m_1 \frac{\mathrm{d}}{\mathrm{d}t}(V_{x1} + \omega_{y1}R_1)$$

(4-19a)

$$Q_x = -m_2 \frac{\mathrm{d}}{\mathrm{d}t}(V_{x2} - \omega_{y2}R_2)$$

(4-19b)

每个球关于 Oy 轴的动量矩是守恒的，有：

$$\frac{\mathrm{d}}{\mathrm{d}t}\left[m_1 V_{x1}R_1 + m_1(R_1^2 + \rho_1^2)\omega_{y1}\right] = 0$$

(4-20a)

$$\frac{\mathrm{d}}{\mathrm{d}t}\left[-m_2 V_{x2}R_2 + m_2(R_2^2 + \rho_2^2)\omega_{y2}\right] = 0$$

(4-20b)

式中，ρ_1 和 ρ_2 是两球关于它们质心的回转半径。从式（4-19）和式（4-20）中消掉角速度 ω_{y1} 和 ω_{y2} 得：

$$Q_x = \frac{m_1}{(1 + R_1^2/\rho_1^2)} \frac{\mathrm{d}V_{x1}}{\mathrm{d}t}$$

(4-21a)

$$Q_x = -\frac{m_2}{(1 + R_2^2/\rho_2^2)} \frac{\mathrm{d}V_{x2}}{\mathrm{d}t}$$

(4-21b)

令：$\dfrac{1}{m} = \dfrac{m_1}{(1 + R_1^2/\rho_1^2)} + \dfrac{m_2}{(1 + R_2^2/\rho_2^2)}$，则式（4-21）简化为：

$$\frac{1}{m}Q_x = \frac{\mathrm{d}}{\mathrm{d}t}(V_{x1} - V_{x2}) = \frac{\mathrm{d}^2\delta_x}{\mathrm{d}t^2}$$

(4-22)

式中，δ_x 为两球接触点的切向相对弹性位移。虽然式（4-22）与法向碰撞有相同的表达式，但切向力作用下的变形因微摩擦而变得复杂。若 Q_x 达到极限值 $Q_{x,\max} = \pm fP$，表面将完全滑动。若 $Q_x < |fP|$，接触点则不会滑动，但通常在压力很低的接触区边缘上，有一个微滑动的环形面，在任一瞬时的碰撞力不仅取决于 P 及 Q 的值，而且还与它们的变化过程有关。Maw 等学者[2-3] 将这种方法用于斜碰撞问题研究，结果表明如果两个物体是弹性相似的，那么切向力不影响法向运动；如两个物体弹性不相似，这种影响也很小，可以合理地将其省略，所以接触尺寸及在整个撞击期间接触压力的变化可由 Hertz 撞击理论给出，与摩擦力无关。

3.非弹性撞击接触分析

（1）屈服准则

在一定的变形条件下，只有当各应力分量之间符合一定关系时，质点才开始进入塑性状态，这种关系称为屈服准则。在经典塑性理论中，最常用的两个准则是 Mises 屈服准则和 Tresca 屈服准则[4]。在两个接触固体的复杂应力场中，依照恰当的屈服准则，开始使物体塑性屈服的荷载，与其中较软材料的简单拉伸或剪切试验时的屈服点有关。通常多数韧性材料的屈服取决于 Von-Mises 剪切应变能准则和 Tresca 最大剪应力准则，这两个准则如下：

Von-Mises 剪切应变能准则：

$$\frac{1}{6}\left[(\sigma_1-\sigma_2)^2+(\sigma_2-\sigma_3)^2+(\sigma_3-\sigma_1)^2\right]=\tau_s^2=\frac{\sigma_s^2}{3} \tag{4-23}$$

Tresca 最大剪应力准则

$$\text{Max}\{|\sigma_1-\sigma_2|,|\sigma_2-\sigma_3|,|\sigma_3-\sigma_1|\}=2\tau_s=\sigma_s \tag{4-24}$$

式中，σ_1、σ_2、σ_3 是复杂应力状态下的主应力，τ_s、σ_s 分别为材料纯剪状态和单向拉伸状态的屈服极限应力值。对各向同性金属试件的精密试验，支持 Von-Mises 剪切应变能准则。然而，当考虑到大多数材料的不完全各向同性和 τ_s、σ_s 值的变化时，则这两种准则给出的值差别不大，而且这种差别几乎没有什么意义，由于 Tresca 最大剪应力准则计算简单便于应用，所以多采用该准则。

（2）塑性屈服的开始发生及其临界法向相对速度 V_{zs}

按旋转体接触（或旋转体与平面体的接触）的 Hertz 静力理论，接触应力场的最大剪应力发生在接触点正下方对称轴上某点，对称轴上各点 σ_z，σ_r，σ_θ 为主应力，且 $\sigma_r=\sigma_\theta$，它们的值由式（4-9）给出。忽略变形情况后，撞击可以认为是准静态的，根据 Tresca 准则，撞击过程中屈服时的临界应力值 p_0 可由式（4-5）和式（4-16）得到：

$$p_{0,\text{max}}=\frac{3P_{\text{max}}}{2\pi a^2}=\frac{3}{2\pi}\left(\frac{4E^*}{3R^{3/4}}\right)^{\frac{4}{5}}\left(\frac{5}{4}mV_{z0}^2\right)^{\frac{1}{5}} \tag{4-25}$$

式中，$\dfrac{1}{m}=\dfrac{1}{m_1}+\dfrac{1}{m_2}$、$\dfrac{1}{R}=\dfrac{1}{R_1}+\dfrac{1}{R_2}$，$V_{z0}$ 是撞击的法向相对速度。代入屈服应力临界值 p_{0s}（即令 $p_{0s}=p_{0,\text{max}}$），得到两个球体撞击过程中，材料屈服时的法向临界相对初速度 V_{zs} 表达式：

$$V_{zs}^2=\left(\frac{\pi^5}{30}\right)\left(\frac{R^3}{E^{*4}m}\right)p_{0,\text{max}}^5=\left(\frac{\pi^5}{30}\right)\left(\frac{R^3}{E^{*4}m}\right)p_{0s}^5 \tag{4-26}$$

若粒子撞击平面体，有 $R\approx r$（粒子半径），$m=m_1=\dfrac{4}{3}\pi r^3\rho$（$m_1$ 为粒子质量，ρ 为粒子密度），则法向临界相对初速度表达式：

$$V_{zs}^2=\left(\frac{\pi^4}{40}\right)\left(\frac{1}{E^{*4}\rho}\right)p_{0s}^5 \tag{4-27}$$

根据式（4-27）可以计算得到引起材料屈服的法向相对速度临界值 V_{zs}。

初始屈服时载荷与式（4-5）所给出的最大接触压力有关，该压力由式（4-5）得：

$$P_Y=\left(\frac{\pi^3R^2}{6E^{*2}}\right)(p_0)_Y^3 \tag{4-28}$$

由上式分析可以得到，为了承受高载荷而不发生屈服，将高屈服强度或硬度与低弹性模量结合是比较理想的做法。

设对于泊松比 $\mu=0.3$ 的材料，在 $z=0.57a$ 处，$|\sigma_z-\sigma_r|=|\sigma_1-\sigma_3|=0.62p_0$ 为最大剪应力值。根据 Tresca 准则，撞击过程的屈服临界值 p_0 为：

$$\text{Max}\{\mid \sigma_1 - \sigma_2 \mid, \mid \sigma_2 - \sigma_3 \mid, \mid \sigma_3 - \sigma_1 \mid\} = \mid \sigma_z - \sigma_r \mid = 0.62 p_0 = 2\tau_s = \sigma_s$$

由上式可以得屈服临界值：

$$p_{0s} = \frac{\sigma_s}{0.62} \approx 1.6\sigma_s \approx 3.2\tau_s$$

式中，τ_s、σ_s 分别为较软撞击材料的纯剪屈服极限及单向拉伸屈服极限。

将屈服临界值 $p_{0s} \approx 1.6\sigma_s$ 代入式（4-26）得到此时法向临界相对初速度为：

$$V_{zs} \approx \left(\frac{106 R^3 \sigma_s^5}{E^{*4} m}\right)^{\frac{1}{2}} \tag{4-29a}$$

若粒子撞击平面体，有 $R \approx r$（粒子半径），$m = m_1 = 4\pi r^3 \rho / 3$（$m_1$ 为粒子质量，ρ 为粒子密度），则上式的法向临界相对初速度可进一步简化为：

$$V_{zs} \approx \left(\frac{318 \sigma_s^5}{4\pi E^{*4} \rho}\right)^{\frac{1}{2}} \approx \left(\frac{25 \sigma_s^5}{E^{*4} \rho}\right)^{\frac{1}{2}} \tag{4-29b}$$

根据上式可以估计引起材料屈服的法向相对速度临界值。

（3）中速塑性撞击

根据文献［1］的研究结论，只要撞击速度与弹性波速相比很小，那么用准静态方法求弹性撞击过程中的接触应力是正确的。当塑性变形发生时，这个条件仍然是正确的。因为塑性流动的效果是减小接触压力脉冲的强度，从而减少转变为弹性波动的能量。在中等速度撞击时（100m/s＜V＜500m/s），也可以利用在静止条件下非弹性接触应力的理论来研究撞击特性，由于本文研究的内蒙古中西部地区实际风沙环境中的风沙流粒子最大速度为 40m/s（实际风沙环境的 12 级风速值）达不到中等速度下限（$V = 100$m/s）。所以，本文对中等速度冲蚀问题不作分析，只研究低速（$V \leqslant 40$m/s）冲蚀问题。

4.1.3 风沙流粒子冲蚀接触动力分析

风沙流粒子与钢结构表面涂层的撞击一般为斜碰撞，接触面存在有法向动力和切向动力，分别分析如下：

1. 法向接触动力分析

Maw 等学者[2-3]的研究结果表明，即使撞击双方的材料不是弹性相似的，切向力的存在对法向运动影响也极小，可不考虑。根据图 4-1 所示的冲蚀接触力学模型，碰撞瞬时的粒子法向靠近的初速度为：

$$V_{z0} = V_{0\cos\alpha} \tag{4-30}$$

接触迅速由点及面，接触区发生压缩变形，设两物法向接近速度为 V_z，因总压缩变形产生的法向相对位移为 δ_z，则有：

$$\frac{\mathrm{d}\delta_z}{\mathrm{d}t} = V_z \qquad \frac{\mathrm{d}\delta_z}{\mathrm{d}t}\bigg|_{t=0} = \delta_{z0} = V_{z0} = V_{0\cos\alpha} \tag{4-31}$$

若 $P(t)$ 为撞击过程中任一瞬时法向接触动力，由动力学原理可得动力微分方程：

$$P(t) = m_1 \frac{\mathrm{d}V_z}{\mathrm{d}t} \tag{4-32}$$

由式（4-31）和式（4-32）可得：

$$P(t) = m_1 \frac{\mathrm{d}V_z}{\mathrm{d}t} = m_1 \frac{\mathrm{d}^2\delta_z}{\mathrm{d}t^2} \tag{4-33}$$

为求 $P(t)$，先计算法向总压缩变形，由 Hertz 静弹性接触理论：

力与法向压缩量关系：
$$P = K(\delta_z)^{\frac{3}{2}} \tag{4-34}$$

力与变形区半径关系：
$$a = \left(\frac{3Pr}{4E^*}\right)^{\frac{1}{3}} \tag{4-35}$$

式中，$K = \dfrac{4}{3}R^{\frac{1}{2}}E^* = \dfrac{4r^{\frac{1}{2}}}{3}\dfrac{1}{\left[\dfrac{(1-\mu_1^2)}{E_1} + \dfrac{(1-\mu_2^2)}{E_2}\right]}$、$\dfrac{1}{E^*} = \dfrac{(1-\mu_1^2)}{E_1} + \dfrac{(1-\mu_2^2)}{E_2}$，其中

E_1，E_2，μ_1，μ_2 分别为沙粒子和钢结构涂层的弹性模量和泊松比。

令：$m = m_1$，将式（4-34）代入式（4-33）得：
$$\frac{\mathrm{d}^2\delta_z}{\mathrm{d}t^2} = \frac{K}{m}(\delta_z)^{\frac{3}{2}} \tag{4-36}$$

对 δ_z 积分可得：
$$\delta_{z0} - \left[\frac{\mathrm{d}\delta_z}{\mathrm{d}t}\right]^2 = \frac{4K}{5m}(\delta_z)^{\frac{5}{2}} \tag{4-37}$$

δ_{z0} 由式（4-31）确定，当 $\dfrac{\mathrm{d}\delta_{z0}}{\mathrm{d}t} = 0$ 时，总压缩变形 δ_z 取得最大值：
$$\delta_{z,\max} = \left(\frac{5m}{4K}\right)^{\frac{2}{5}}\delta_{z0}^{\frac{4}{5}} \tag{4-38}$$

代入式（4-34），得法向接触动力的最大值：
$$P_{\max} = K\delta_{z,\max}^{\frac{3}{2}} = \left(\frac{125}{64}m^3K^2\delta_{z0}^6\right)^{\frac{1}{5}} = \left[\frac{125}{64}m^3\left(\frac{16}{9}rE^{*2}\right)\delta_{z0}^6\right]^{\frac{1}{5}} \tag{4-39}$$

由式（4-3）和式（4-4），可计算最大接触区半径 $a_{\max}$ 及接触面上最大法向动应力 $\sigma_{z,\max}$ 如下：
$$a_{\max} = \left(\frac{3P_{\max}r}{4E^*}\right)^{\frac{1}{3}} \tag{4-40}$$

$$\sigma_{z,\max} = \frac{3P_{\max}}{2\pi a_{\max}^2} = \frac{3}{2\pi}\left(\frac{16E^{*2}P_{\max}}{9r^2}\right)^{\frac{1}{3}} \tag{4-41}$$

2. 法向接触动力分析

设接触面切向动力为 Q，分析考虑完全无滑动及完全滑动的两种极限情况。若撞击过程中接触面处处不滑动，则具有静摩擦性质，根据静弹性接触理论，当一组固定法向力 P 及切向力 Q 使旋转体与平面接触而无滑动时，接触面产生平行于切向力的均匀切向位移，接触区内半径为 ρ 的点切向应力大小有如下分布：
$$\tau(\rho) = \frac{Q}{2\pi a}(a^2 - \rho^2)^{-\frac{1}{2}} \tag{4-42}$$

在风沙流粒子与钢结构表面涂层的撞击中，法向力 P、切向力 Q 以及接触区半径迅速变化，当它们从零增到最大值时，$\tau(\rho)$ 随其变化。设接触面全反力与法向夹角为 α，按静摩擦原理有 $\mathrm{d}P = \mathrm{d}Q/\tan\alpha$，将式（4-35）两边微分得：
$$3a^2\mathrm{d}a = \frac{3r}{4E^*}\mathrm{d}P$$

即有：
$$\mathrm{d}Q = \frac{4E^* a^2}{r}\tan\alpha\,\mathrm{d}a \tag{4-43}$$

由式（4-42），$\mathrm{d}Q$ 引起的接触区内半径为 ρ 的点的应力增量表示为：
$$\mathrm{d}\tau(\rho) = \frac{\mathrm{d}Q}{2\pi a}(a^2 - \rho^2)^{-\frac{1}{2}} = \frac{2E^* \tan\alpha}{\pi r}a(a^2 - \rho^2)^{-\frac{1}{2}}\,\mathrm{d}a \tag{4-44}$$

当 a 从 ρ 变到 $a_{\max}$ 时，切向应力最终值分布（$0 \leqslant \rho \leqslant a_{\max}$）：
$$\tau(\rho) = \int_{\rho}^{a\max}\mathrm{d}\tau(\rho) = \frac{2E^* \tan\alpha}{\pi r}\int_{\rho}^{a\max}(a^2 - \rho^2)^{-\frac{1}{2}}\,\mathrm{d}a = \frac{4E^* \tan\alpha}{\pi r}(a_{\max}^2 - \rho^2)^{\frac{1}{2}} \tag{4-45}$$

此时接触面上最大切向动力：
$$Q_{\max} = \int_{0}^{a\max}\tau(\rho)2\pi\rho\,\mathrm{d}\rho = \frac{E^* \tan\alpha}{r}a_{\max}^2 \tag{4-46}$$

当 $\rho = 0$ 时，有接触中心切向应力最大值：
$$\tau_{\max} = \frac{4E^* \tan\alpha}{\pi r}a_{\max} = \frac{\tan\alpha}{\pi}(48E^{*2}P_{\max}/r^2)^{\frac{1}{3}} \tag{4-47}$$

若接触面完全滑动，摩擦系数为 μ，则根据滑动摩擦定律有：
$$\tau = \mu\sigma_z \text{、} \tau_{\max} = \mu\sigma_{z,\max} \text{、} Q = \mu P \text{、} Q_{\max} = \mu P_{\max} \tag{4-48}$$

4.1.4　风沙流粒子冲蚀接触应力场分析

风沙流粒子参数：质量 m、半径 r（直径取平均值 100um）、泊松比 μ_1、$E_1 \approx 40\mathrm{GPa}$；钢结构油漆涂层分析参数：泊松比 $E_2 = 16\mathrm{MPa}$、$\mu_2 = 0.35$。由于 E_1 远大于 E_2，μ_1 和 μ_2 处于同一数量级，相差不大，故 $1 - \mu_1^2/E_1 \ll 1 - \mu_2^2/E_2$，在分析计算时取 $1/E^* \approx (1 - \mu_2^2)/E_2$。

1.最大接触动力及接触最大半径

根据以上分析，由式（4-39）和式（4-40）可得风沙流粒子与钢结构表面涂层接触时最大接触动力 $P_{\max}$（N）、最大接触半径 $a_{\max}$（m）与风沙流冲蚀速度和冲蚀角度关系，如图 4-5 和图 4-6 所示。

由图 4-5 可知，在相同冲蚀速度下，最大接触动力 $P_{\max}$（N）随冲蚀角度的增加而增

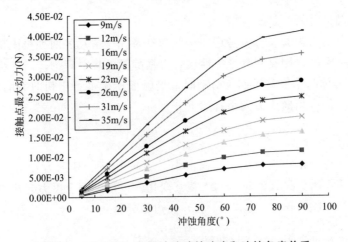

图 4-5　$P_{\max}$（N）与风沙流冲蚀速度和冲蚀角度关系

加，当冲蚀角 $\alpha \leqslant 60°$ 时，两者基本呈线性关系；当冲蚀角 $\alpha \geqslant 60°$ 时，两者基本呈曲线性变化关系，斜率较前者变小，说明此时最大接触动力受冲蚀角度影响较前者变小。另一方面，在相同冲蚀角度下，最大接触动力 P_{max}（N）随冲蚀速度的增加而增加。由图 4-6 可知，在相同冲蚀速度下，最大接触半径 a_{max}（m）随冲蚀角度的增加而增加。另一方面，在相同冲蚀角度下，最大接触半径 a_{max}（m）随冲蚀速度增加而增加。

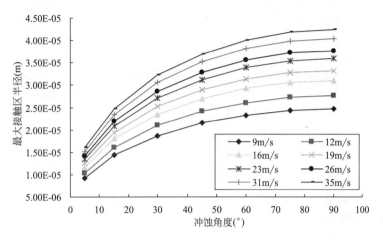

图 4-6 a_{max}（m）与风沙流冲蚀速度和冲蚀角度关系

2.接触面中心点最大动应力

设接触面中心点最大法向动应力为 $\sigma_{z,max}$、最大切向动应力为 τ_{max}，根据以上分析，由式（4-41）和式（4-47）可得风沙流粒子与钢结构涂层接触时涂层表面接触中心点的动应力与风沙流冲蚀速度和冲蚀角度的关系，如图 4-7 和图 4-8 所示。

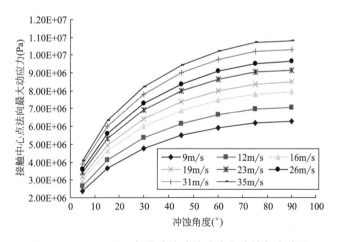

图 4-7 $\sigma_{z,max}$（Pa）与风沙流冲蚀速度和冲蚀角度关系

由图 4-7 可知，在相同冲蚀速度下，最大法向动应力为 $\sigma_{z,max}$（Pa）随冲蚀角度的增加而增加，两者基本呈曲线性变化关系。另一方面，在相同冲蚀角度下，最大法向动应力为 $\sigma_{z,max}$（Pa）随冲蚀速度的增加而增加。由图 4-8 可知，在相同冲蚀速度下，最大切向动应力为 τ_{max}（Pa）随冲蚀角度的增加而减少。当冲蚀角 $\alpha \leqslant 30°$ 时、递减速率要大于冲蚀角

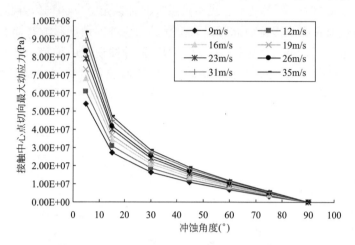

图 4-8 $\tau_{\max}$（Pa）与风沙流冲蚀速度和冲蚀角度关系

$\alpha \geqslant 30°$ 时情况，说明此时 $\tau_{\max}$（Pa）受小角度冲蚀影响要大。另一方面，在相同冲蚀角度下，最大切向动应力为 $\tau_{\max}$（Pa）随冲蚀速度的增加而增加。

3. 涂层表面应力场分析

设接触时中心点最大压应力为 p_0，则有 $p_0 = \sigma_{z, \max}$，涂层表面接触范围内半径为 r 的点（$z=0$，$r < a_{\max}$）的应力分量如式（4-7），都为压应力。

$$\frac{\sigma_r}{p_0} = \frac{1-2\mu}{3} \left(\frac{a^2}{r^2}\right) \left[1 - \left(1 - \frac{r^2}{a^2}\right)^{\frac{3}{2}}\right] - \left(1 - \frac{r^2}{a^2}\right)^{\frac{1}{2}}$$

$$\frac{\sigma_\theta}{p_0} = -\frac{1-2\mu}{3} \left(\frac{a^2}{r^2}\right) \left[1 - \left(1 - \frac{r^2}{a^2}\right)^{\frac{3}{2}}\right] - 2\mu \left(1 - \frac{r^2}{a^2}\right)^{\frac{1}{2}}$$

$$\frac{\sigma_z}{p_0} = -\left(1 - \frac{r^2}{a^2}\right)^{\frac{1}{2}}$$

在涂层表面接触范围外半径为 r（$z=0$，$r \geqslant a_{\max}$）点的径向与环向应力如式（4-8）：

$$\frac{\sigma_r}{p_0} = -\frac{\sigma_\theta}{p_0} = (1 - 2\mu)\frac{a^2}{3r^2}$$

径向应力 σ_r 为拉应力，在 $r = a_{\max}$ 处的径向应力是接触区外部的拉应力最大值。

由以上分析可得涂层表面各点的 σ_r / p_0、σ_θ / p_0、σ_z / p_0 与 r/a 关系如图 4-9 所示。

4. 涂层内部沿对称轴 Z 的应力场分析

风沙流粒子与钢结构涂层冲蚀接触中心点正下方涂层内部对称轴 Z（$r=0$）上各点的主应力 σ_r，σ_θ，σ_z 如式（4-9）：

$$\frac{\sigma_r}{p_0} = \frac{\sigma_\theta}{p_0} = -(1+\mu)\left[1 - \left(\frac{z}{a}\right)\tan^{-1}\left(\frac{a}{z}\right)\right] + \frac{1}{2}\left(1 + \frac{z^2}{a^2}\right)^{-1}$$

$$\frac{\sigma_z}{p_0} = -\left(1 + \frac{z^2}{a^2}\right)^{-1}$$

沿对称 Z 轴，各应力分布如图 4-10 所示。主剪应力 $\tau_1 =$（主应力）$/2 = (\sigma_z - \sigma_r)/2$，可以计算得到：在对称轴 $z = 0.56a$ 处，剪应力最大值 $\tau_{1\max} = 0.277 p_0$，这是整个剪应力场中的最大值，比原点处剪应力 $|\sigma_z - \sigma_r|/2 = 0.129 p_0$ 大，而且还超出表面上接触区边缘的

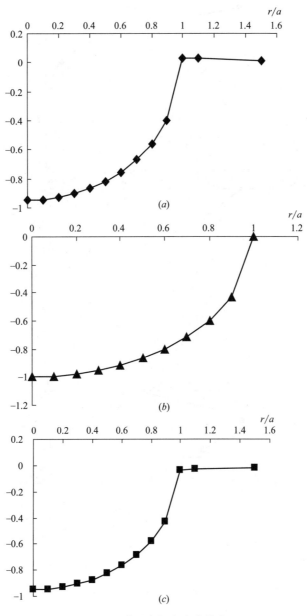

图 4-9　涂层表面上应力分布

$(a)\sigma_r/p_0$ 与 r/a 关系；$(b)\sigma_\theta/p_0$ 与 r/a 关系；$(c)\sigma_z/p_0$ 与 r/a 关系

剪应力 $|\sigma_r-\sigma_\theta|/2=0.219p_0$。剪应力最值点即是材料接触流动的起始点，故可预计塑性流动将在表面下方开始发展。

5.影响冲蚀接触动应力的因素

在冲蚀过程中，接触动力的测试目前还难以完成，但根据理论分析结论可对材料冲蚀磨损量的有关试验结果做出解释，且以下的计算结果表明，按目前所用弹性材料的强度极限，其抗冲蚀能力还有很大的潜力可挖。

（1）被冲蚀材料模量的影响。根据以上分析结论，两个方向的接触应力极限都正比于

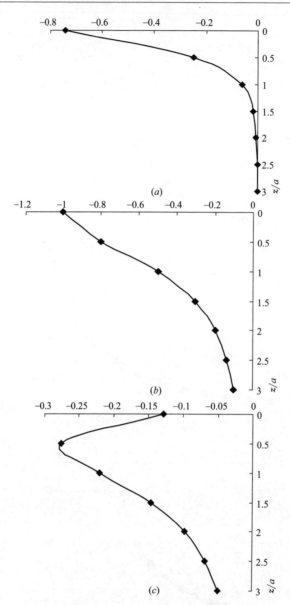

图 4-10　粒子与涂层冲蚀接触中心点正下方沿对称轴 Z 的应力分布

（a）$\sigma_r/p_0=\sigma_\theta/p_0$ 与 z/a 关系；（b）σ_z/p_0 与 z/a 关系；（c）τ_1/p_0 与 z/a 关系

$E^{*\frac{4}{5}}$。由于泊松比 μ_1、μ_2 一般在 $0.3\sim0.5$ 左右，$\mu_1^2\ll1$，$\mu_2^2\ll1$，则 $1/E^*\approx1/E_1+1/E_2$。同时，涂层的质量 $m_2\gg$ 粒子质量 m_1，则 $m=m_1$。

当粒子（设用钢粒子 $E_1\approx200\mathrm{GPa}$）直接撞击碳钢（$E_2\approx200\mathrm{GPa}$）表面时，$E_1$，$E_2$ 处同一量级。取 $E_1=E_2$，有 $E^*=E_2/2\approx100\mathrm{GPa}$。若碳钢表面有一定厚度的弹性涂层，同样的条件，粒子（设用钢粒子 $E_1\approx200\mathrm{GPa}$）直接撞击弹性涂层（$E_2=10\mathrm{MPa}$），由于 E_1，E_2 相差约五个量级（$1/E_1\ll1/E_2$），故取 $E^*\approx E_2=10\mathrm{MPa}$，算得 $\sigma_{z,\max}\approx0.4\mathrm{kPa}$。同理可算得 $\tau_{\max}$ 的差别也与 $\sigma_{z,\max}$ 相当。可见，采用低模量的弹性涂层可大幅度缓解接触动应力。

（2）粒子材质密度的影响。根据分析结论，接触应力正比粒子质量（密度）的 1/5 次方，密度小的粒子造成的冲蚀磨损应力小。

4.1.5 钢结构涂层屈服的临界速度判定

实际风沙流中的沙粒子微小，直径在 $100\mu m$ 左右，由于其硬度远大于涂层硬度，故可视为刚性球状粒子，对涂层材料表面的作用过程简化为刚性球粒子对半无限体的撞击，不考虑粒子之间的相互影响，按接触结论，接触的最大应力为：

$$p_{0,\max} = \frac{3P_{\max}}{2\pi a^2} = \frac{3}{2\pi}\left(\frac{4E^*}{3R^{3/4}}\right)^{\frac{4}{5}}\left(\frac{5}{4}mV_{z0}^2\right)^{\frac{1}{5}}$$

式中，$\dfrac{1}{E^*} = \dfrac{(1-\mu_1^2)}{E_1} + \dfrac{(1-\mu_2^2)}{E_2}$、$\dfrac{1}{R} = \dfrac{1}{R_1} + \dfrac{1}{R_2}$、$\dfrac{1}{m} = \dfrac{1}{m_1} + \dfrac{1}{m_2}$，粒子参数为：$m_1$，$R_1 = r$，$E_1$；涂层材料参数为：$m_2$，$R_2$，$E_2$。$V_{z0}$ 是撞击的法向相对速度（$V_{z0} = V\sin\alpha$）。

若刚性粒子（沙粒 $E_1 \approx 40\mathrm{GPa}$）撞击涂层平面体（$E_2 = 16\mathrm{MPa}$）时，$R_2 \to \infty$，$m_2 \gg m_1$，有 $R \approx r$（粒子半径），$m = m_1$（m_1 为粒子质量），由于 $E_1 \gg E_2$ $\left(\dfrac{1-\mu_1^2}{E_1} \ll \dfrac{1-\mu_2^2}{E_2}\right)$，故取 $\dfrac{1}{E^*} \approx \dfrac{(1-\mu_2^2)}{E_2}$，故上式简化为：

$$\sigma = \frac{3}{2\pi}\left[\frac{4}{3r^{3/4}}\frac{E_2}{(1-\mu_2^2)}\right]^{\frac{4}{5}}\left[\frac{5}{4}m(V\sin\alpha)^2\right]^{\frac{1}{5}} \tag{4-49}$$

式中　m，r——沙粒子质量与半径；

　　E_2，μ_2——涂层材料弹性模量与泊松比；

　　V，α——接触瞬时的冲蚀速度与入射角。

根据 Tresca 屈服准则，单轴拉伸时，当 $\sigma = 1.6\sigma_s$（屈服极限应力）时；材料发生屈服。冲蚀状态下为动态应力，其屈服极限有所提高，按如下公式修正[5-6]：

将 $\sigma = 1.6\sigma_s$ 代入式（4-49）得弹性接触状态的临界速度：

$$V\sin\alpha \leqslant \left[\left(\frac{\pi^5 r^3}{30m}\right)\left(\frac{1-\mu_2^2}{E_2}\right)^4(1.6\sigma_s)^5\right]^{\frac{1}{2}} \tag{4-50a}$$

或代入 $m = \dfrac{4}{3}\pi r^3\rho$，上式可以变形为：

$$V\sin\alpha \leqslant \left[\left(\frac{\pi^4}{40\rho}\right)\left(\frac{1-\mu_2^2}{E_2}\right)^4(1.6\sigma_s)^5\right]^{\frac{1}{2}} \tag{4-50b}$$

钢结构涂层 $E = 16\mathrm{MPa}$，$\mu = 0.35$，$\sigma_s = 4\mathrm{MPa}$，沙粒子密度 $\rho = 2.8 \times 10^3\mathrm{kg/m^3}$。当沙粒子垂直钢结构涂层冲蚀时，涂层材料不屈服的极限冲蚀速度为 $V_{z,\max} \approx 18\mathrm{m/s}$。

4.2　风沙冲击作用下涂层与钢结构基体界面的应力分析

4.2.1　Dundurs 参数

1.参数的定义

由于结合材料是由两种不同的材料结合而成，因此通常状况下结合材料有四个材料常数，分别为两个杨氏模量或剪切模量和两个泊松比。但是，在平面问题中结合材料的应力和应变随四个材料常数的变化并不是独立的，因此我们引入了两个新的材料常数以此来描述结合材料的特性，这两个新的材料常数被称为 Dundurs 参数，又称为异材参数[4-7]。

Dundurs 在任意曲线界面下证明得到了平面问题的异材参数，Dundurs 与 Bogy 将它定义为：

$$\alpha = \frac{(\kappa_2 + 1) - \Gamma(\kappa_1 + 1)}{(\kappa_2 + 1) + \Gamma(\kappa_1 + 1)} = \frac{\mu_1(\kappa_2 + 1) - \mu_2(\kappa_1 + 1)}{\mu_1(\kappa_2 + 1) + \mu_2(\kappa_1 + 1)} \tag{4-51}$$

$$\beta = \frac{(\kappa_2 - 1) - \Gamma(\kappa_1 - 1)}{(\kappa_2 + 1) + \Gamma(\kappa_1 + 1)} = \frac{\mu_1(\kappa_2 - 1) - \mu_2(\kappa_1 - 1)}{\mu_1(\kappa_2 + 1) + \mu_2(\kappa_1 + 1)} \tag{4-52}$$

式中，μ 为剪切弹性模量，与杨氏模量 E、泊松比 ν 之间的关系为：$\mu = E/[2(1+\nu)]$ 且平面应变时：$\kappa = 3 - 4\nu$，平面应力时：$\kappa = (3-\nu)/(1+\nu)$，$\Gamma = \mu_2/\mu_1$。

式（4-51）、式（4-52）就是现在常用的 Dundurs 参数的定义，从式中可以看出结合材料的两种材料的特性在界面上是相互约束的，因此我们可以用异材参数来描述结合材料的力学性能随材料常数的变化。常用的 Dundurs 参数的值域是有限的，可以用于 $\Gamma \to 0$ 或 $\Gamma \to \infty$ 的情况。当 $\alpha = \beta = 0$ 时，两种材料相同。对于不同的界面问题，Dundurs 参数的定义与材料 1，2 的取法有一定的关系，对于式（4-51）、式（4-52），我们定义材料 1 在上、材料 2 在下。目前人们广泛地采用 Dundurs 参数来表达结合材料的弹性特性，这是因为 Dundurs 参数使材料常数得到了减少，简化了材料常数对应力应变的描述，从而使得我们可以较容易地选择合适的材料进行组合。但是，Dundurs 参数只是用来表达材料常数对结合材料性能的影响，因此当有外力作用时，仅依据这两个参数描述表征面外的应力应变是不够的。

2. Dundurs 参数的值域

对于一般的弹性材料，已知泊松比的变化范围为 $0 \leqslant \nu \leqslant 0.5$，同时 $0 \leqslant \Gamma \leqslant \infty$，将已知参数代入式（4-51）、式（4-52）可知，不管是平面应变状态下还是平面应力状态下都有

$$|\alpha| \leqslant 1 \qquad |\beta| \leqslant 0.5$$

上式为 α、β 分别取值时的值域。从式（4-51）、式（4-52）中消去 Γ，可得 α、β 在取极限值时的关系，

$$\beta = \alpha - \frac{1+\alpha}{\kappa_2 + 1} + \frac{1-\alpha}{\kappa_1 + 1}$$

即

$$\beta = \begin{cases} \dfrac{\alpha}{2} - \dfrac{(1+\alpha)\nu_2}{4(1-\nu_2)} + \dfrac{(1-\alpha)\nu_1}{4(1-\nu_1)} & \text{平面应变} \\[2mm] \alpha - \dfrac{1+\alpha}{4}(1+\nu_2) + \dfrac{1-\alpha}{4}(1+\nu_1) & \text{平面应力} \end{cases}$$

在平面应变状态下

$$\frac{\partial \beta}{\partial \nu_1} = \frac{1-\alpha}{4(1-\nu_1)^2} \geqslant 0, \frac{\partial \beta}{\partial \nu_2} = -\frac{1+\alpha}{4(1-\nu_2)^2} \leqslant 0$$

即 β 是关于 ν_1 的单调增函数，关于 ν_2 是单调减函数。由于 $0 \leqslant \nu \leqslant 0.5$，由此可知，当 $\nu_1 = 0.5$，$\nu_2 = 0$ 时 β 取最大值，当 $\nu_1 = 0$，$\nu_2 = 0.5$ 时 β 取最小，即

$$\beta_{\max} = \frac{\alpha}{4} + \frac{1}{4}, \beta_{min} = \frac{\alpha}{4} - \frac{1}{4} \quad \text{平面应变}$$

采用同样的方法可得平面应力状态下的 β 的取值范围

$$\beta_{\max} = \frac{3\alpha}{8} + \frac{1}{8}, \beta_{min} = \frac{3\alpha}{8} - \frac{1}{8} \quad \text{平面应力}$$

根据以上分析，我们可以得到 α、β 的值域，如图 4-11 所示，其中结合材料的 Dundurs 参数在平面应力状态下的取值范围为图 4-11 所示的阴影部分，结合材料的 Dundurs 参数在平面应变状态下的取值范

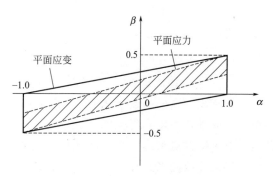

图 4-11　Dundurs 参数的取值范围

围为图 4-11 所示的外侧的平行四边形的域。从图 4-11 中可明显看出平面应力状态下的取值范围相对平面应变状态下的取值范围较小一些。

4.2.2　镜像点法简介

在力学分析中，早期阶段 Mindlin 通过引入一个关于自由面对称的载荷点的镜像点的方法求解了集中力作用下半无限体的问题，该问题被认为是镜像点法最早的应用。Rongved 通过引入了一个镜像点求解了集中力作用下二维和三维两个半无限体结合材料问题，该镜像点是和载荷点关于界面对称的点。这些问题都说明了对于结合材料的应力分析问题，镜像点法的应用是有效的。Rongved 在研究中主要运用了界面连续条件求解了未知应力函数，但却没有确定必要的已知应力函数。许金泉在界面力学一书中介绍了镜像点法，下面简单介绍镜像点法[7] 的理论基础。

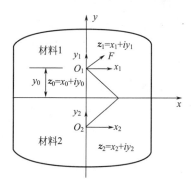

图 4-12　无限结合材料力学
模型及镜像点

如图 4-12 所示，界面连续条件为

$$\sigma_{y1} + i\tau_{xy1} = \sigma_{y2} + i\tau_{xy2}, u_1 + iv_1 = u_2 + iv_2 \quad \text{当 } y = 0 \text{ 时}$$

$$(4-53)$$

式中下标 1，2 分别对应于材料 1，2。利用 Dirichlet 的单值性原理可得

$$L(x,y) = R(x, -y) \qquad \text{当 } y = 0 \tag{4-54}$$

其中 L、R 都为调和函数，则有

$$\frac{\partial L}{\partial x} = \frac{\partial R}{\partial x}, \frac{\partial L}{\partial y} = -\frac{\partial R}{\partial y}, \int L\,\mathrm{d}x = \int R\,\mathrm{d}x, \int L\,\mathrm{d}y = -\int R\,\mathrm{d}y \tag{4-55}$$

由式（4-55）可知调和函数对 x 的偏导或积分则等式两边不变，而调和函数对 y 的偏导或积分则等式两边变号，因此可知当调和函数 R 已知时只需改变变量 y 的符号即可得到调和函数 L。

对于平面问题，应力及位移分量通常可用 Goursat 的应力函数来表示，即

$$\sigma_y + i\tau_{xy} = \varphi' + \overline{\varphi'} + \overline{z\varphi''} + \psi', 2\mu(u + iv) = \kappa\varphi - z\overline{\varphi'} - \overline{\psi} \tag{4-56}$$

已知在界面处 $y = 0$，即 $z = \bar{z}$，故 $\bar{z}\varphi''$ 可写为 $z\varphi''$，$\overline{z\varphi'}$ 也可写为 $\overline{z}\overline{\varphi'}$，而不影响界面

连续条件的成立。由于解析函数的实部和虚部都是调和函数，因此也可将式（4-53）变为等式两边都用调和函数来描述的方式，即

$$\varphi_1' + \overline{\varphi_1'} + z\varphi_1'' + \psi_1' = \varphi'_2 + \overline{\varphi'_2} + z\varphi''_2 + \psi'_2 \qquad 当\ y=0 \qquad (4\text{-}57)$$
$$\Gamma(\kappa_1\varphi_1 - \overline{z\varphi_1'} - \overline{\psi_1}) = \Gamma(\kappa_2\varphi_2 - \overline{z\varphi'_2} - \overline{\psi_2})$$

在此指出，这样的改变并不只是在界面 $y=0$ 处才可以，在其他界面也可以。Dirichlet 的单值性原理在使用时需满足一个条件即等式两边关于 y 方向的坐标符号相反，对于该问题通过引入镜像点来解决。从直观上看，通过给出一个荷载点引起镜像点的方法可以是两个结合界面连续起来，且在每个物体中的镜像点的应力函数又保持各个材料本身的特性，以此来实现两者的结合。因此运用镜像点法首先去求解一些均质材料结合界面的问题，从而以此为出发点作为基本解再去求解一些较复杂的结合材料的界面问题。

4.2.3　冲击荷载作用下涂层基体界面应力分析

1. 力学模型

如图 4-13 所示，涂层与基体材料力学模型及镜像点，材料Ⅰ为涂层材料，材料Ⅱ为基体材料，材料Ⅰ和材料Ⅱ为两种不同的材料，材料Ⅰ涂在基体材料Ⅱ上。涂层表面 O_1 点受到冲击荷载作用，将冲击力分解到 x、y 两个方向，即为 P_x、P_y，如图 4-13 所示。模型中有两个镜面，载荷点在两个镜面上分别引起镜像点。记上半平面的镜像点为 O_1（$k=1,2,3\cdots$），固定在该镜像点上的局部坐标系的坐标为 $z_1 = x + iy_1$，记下半平面的镜像点为 C_1，局部坐标系为 $\zeta_1 = x + iy_2$。

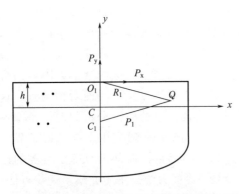

图 4-13　涂层与基体材料力学模型及镜像点

2. 应力函数的求解

根据镜像点间的位置关系有：

$$\begin{cases} R_1 = |z_1| & z_1 = z - ih \\ \rho_1 = |\zeta_1| & \zeta_1 = z + ih \end{cases} \qquad (4\text{-}58)$$

界面连续条件为：

$$\begin{cases} \sigma_{y\text{I}} + i\tau_{xy\text{I}} = \sigma_{y\text{II}} + i\tau_{xy\text{II}} \\ u_\text{I} + iv_\text{I} = u_\text{II} + iv_\text{II} \end{cases} \qquad 当\ y=0\ 时 \qquad (4\text{-}59)$$

自由表面条件为：

$$\sigma_{y\text{I}} + i\tau_{xy\text{I}} = 0 \qquad 当\ y = h \qquad (4\text{-}60)$$

式中，下标Ⅰ、Ⅱ表示对应于材料Ⅰ、Ⅱ的分量。

设应力函数为

$$\begin{cases} \varphi_\text{I} = A_1(z_1) + \Phi_1(\zeta_1) \\ \psi_\text{I} = B_1(z_1) + \Psi_1(\zeta_1) \end{cases} \qquad \begin{cases} \varphi_\text{II} = a_1(z_1) \\ \psi_\text{II} = b_1(z_1) \end{cases} \qquad (4\text{-}61)$$

由于在离荷载作用点较远处应力较小，基本为零，因此式（4-61）中的应力函数应该在对应的坐标原点上有奇异性，但是由于材料Ⅱ内部没有应力奇异点，因此材料Ⅱ的应力

函数不含 ζ_1。

在界面上，$y=0$，则有：

$$z_1=x-ih \qquad \zeta_1=x+ih \qquad z_1=\overline{\zeta_1}$$

由式（4-57）和式（4-59）得：

当 $y=0$

$$\begin{cases} A'_1+\overline{A'_1}+xA''_1+B'_1-(a'_1+\overline{a'_1}+xa''_1+b'_1)=-(\Phi'_1+\overline{\Phi'_1}+x\Phi''_1+\Psi'_1) \\ \Gamma(\kappa_1 A_1-x\overline{A'_1}-\overline{B_1})-(\kappa_2 a_1-x\overline{a'_1}-\overline{b_1})=-\Gamma(\kappa_1\Phi_1-x\overline{\Phi'_1}-\overline{\Psi_1}) \end{cases}$$

$$(4-62)$$

利用在界面上 $y=0$ 的条件，将等式两边配成调和函数，并结合 Dirichlet 的单值性原理，可得到：

$$\begin{cases} a_1=\dfrac{1-\alpha}{1+\beta}A_1 \\ b_1=\dfrac{2(1-\alpha)\beta}{1-\beta^2}zA'_1+\dfrac{1-\alpha}{1-\beta}B_1 \\ \Phi_1=\dfrac{\beta-\alpha}{1-\beta}(z\overline{A'_1}+\overline{B_1}) \\ \Psi_1=-\dfrac{\alpha+\beta}{1+\beta}\overline{A_1}+\dfrac{\alpha-\beta}{1-\beta}(z^2\overline{A''_1}+z\overline{A'_1}+z\overline{B'_1}) \end{cases} \qquad \overline{z_1}=\zeta_1 \qquad (4-63)$$

由式（4-63）可知，如果 A_1 和 B_1 已知，则可求得应力函数。而 A_1 和 B_1 除了需满足式（4-60）的自由表面条件外，还应该满足 O 点的冲击力条件。分析可知半无限体自由表面受集中力的解满足这些条件，即可将其作为基本解求取应力函数：

$$A_1=C\log z_1 \qquad B_1=-\overline{C}\log z_1+ihC/z_1 \qquad C=-(P_x+iP_y)/(2\pi) \qquad (4-64)$$

将式（4-64）代入式（4-63）可得：

$$\begin{cases} a_1=\dfrac{1-\alpha}{1+\beta}C\log z_1 \\ b_1=\dfrac{2(1-\alpha)\beta C}{1-\beta^2}\dfrac{z_1+ih}{z_1}+\dfrac{1-\alpha}{1-\beta}\left[-\overline{C}\log z_1+\dfrac{ihC}{z_1}\right] \end{cases} \qquad (4-65)$$

$$\begin{cases} \Psi_1=-\dfrac{\alpha+\beta}{1+\beta}\overline{C}\log\zeta_1+\dfrac{\alpha-\beta}{1-\beta}\dfrac{\zeta_1-ih}{\zeta_1}\left[\dfrac{\overline{C}(2ih-\zeta_1)}{\zeta_1}+\overline{C}-C\right] \\ \Phi_1=\dfrac{\beta-\alpha}{1-\beta}\left[\overline{C}-C\log\zeta_1-\dfrac{2ih\overline{C}}{\zeta_1}\right] \end{cases} \qquad (4-66)$$

将式（4-65）、式（4-66）代入式（4-61）可得应力函数表达式为：

$$\begin{cases} \varphi_1=A_1(z_1)+\Phi_1(\zeta_1)=C\log z_1+\dfrac{\beta-\alpha}{1-\beta}\left[\overline{C}-C\log\zeta_1-\dfrac{2ih\overline{C}}{\zeta_1}\right] \\ \psi_1=B_1(z_1)+\Psi_1(\zeta_1)=-\overline{C}\log z_1+ih\dfrac{C}{z_1}-\dfrac{\alpha+\beta}{1+\beta}\overline{C}\log\zeta_1 \\ \qquad +\dfrac{\alpha-\beta}{1-\beta}\dfrac{\zeta_1-ih}{\zeta_1}\left[\dfrac{\overline{C}(2ih-\zeta_1)}{\zeta_1}+\overline{C}-C\right] \end{cases} \qquad (4-67)$$

$$\begin{cases} \varphi_{\mathrm{II}} = a_1(z_1) = \dfrac{1-\alpha}{1+\beta} C \log z_1 \\[3mm] \psi_{\mathrm{II}} = b_1(z_1) = \dfrac{2(1-\alpha)\beta C}{1-\beta^2} \dfrac{z_1+ih}{z_1} + \dfrac{1-\alpha}{1-\beta}\left[-\overline{C}\log z_1 + \dfrac{ihC}{z_1}\right] \end{cases} \tag{4-68}$$

3. 界面的应力表达式

将式（4-68）代入式（4-56）可得：

$$\sigma_y + i\tau_{xy} = \frac{1-\alpha}{1+\beta}\frac{C}{z_1} + \frac{1-\alpha}{1+\beta}\frac{\overline{C}}{\overline{z_1}} - \overline{z}\frac{1-\alpha}{1+\beta}\frac{C}{z_1^2} - \frac{2(1-\alpha)\beta C}{1-\beta^2}\frac{ih}{z_1^2} + \frac{1-\alpha}{1-\beta}\left(-\frac{\overline{C}}{z_1} - \frac{ihC}{z_1^2}\right) \tag{4-69}$$

将 $y=0$ 代入（4-59），整理式（4-69）可得界面应力表达式：

$$\begin{aligned}
\sigma_y = &-\frac{1-\alpha}{2\pi(1+\beta)}\left[\frac{2xP_x - 2P_yh}{x^2+h^2} - \frac{x(x^2-h^2)P_x - 2x^2hP_y}{(x^2+h^2)^2}\right] \\
&+ \frac{(1-\alpha)\beta}{\pi(1-\beta^2)}\frac{-P_yx^2h + P_yh^3 - 2P_xxh^2}{(x^2+h^2)^2} \\
&+ \frac{1-\alpha}{2\pi(1-\beta)}\left[\frac{xP_x + P_yh}{x^2+h^2} + \frac{-P_yx^2h + P_yh^3 - 2P_xxh^2}{(x^2+h^2)^2}\right]
\end{aligned} \tag{4-70}$$

$$\begin{aligned}
\tau_{xy} = &\left[\frac{1-\alpha}{2\pi(1+\beta)}\frac{x(x^2-h^2)P_y + 2x^2hP_x}{(x^2+h^2)^2} + \frac{(1-\alpha)\beta}{\pi(1-\beta^2)}\frac{P_xx^2h - P_xh^3 - 2P_yxh^2}{(x^2+h^2)^2}\right. \\
&\left. + \frac{1-\alpha}{2\pi(1-\beta)}\right]\left[\frac{P_xh - P_yx}{x^2+h^2} + \frac{P_xx^2h - P_xh^3 - 2P_yxh^2}{(x^2+h^2)^2}\right]
\end{aligned} \tag{4-71}$$

4. 冲击点界面的应力分析

冲击点界面的应力分析即为 $x=0$ 时界面的应力，将 $x=0$ 代入式（4-70）、式（4-71）可得：

$$\sigma_y = \left[\frac{1-\alpha}{\pi(1+\beta)} + \frac{(1-\alpha)\beta}{\pi(1-\beta^2)} + \frac{2(1-\alpha)}{\pi(1-\beta)}\right]\frac{P_y}{h} \tag{4-72}$$

$$\tau_{xy} = \left[-\frac{(1-\alpha)\beta}{\pi(1-\beta^2)} + \frac{1-\alpha}{2\pi(1-\beta)}\right]\frac{P_x}{h} \tag{4-73}$$

由第 2 章的分析可知

$$P_y = -P_{y,\max} = -\left\{\frac{25}{164}m^3\left[\frac{16}{9}r(E^*)^2\right]V_0^6\right\}^{\frac{1}{5}}(\sin\theta)^{\frac{6}{5}} \tag{4-74}$$

$$P_x = P_{x,\max} = \left\{\frac{125}{64}m^3\left[\frac{16}{9}r(E^*)^2\right]V_0^6\right\}^{\frac{1}{5}}\cos\alpha(\sin\theta)^{\frac{1}{5}} \tag{4-75}$$

沙粒子的密度为 $2.7\mathrm{g/cm^3}$，半径为 $r=50\mu\mathrm{m}$，泊松比为 0.25，弹性模量 $40\mathrm{GPa}$，力学模型中材料 I、II 对应为涂层和基体，材料 I 在上，为涂层材料，泊松比为 0.45，弹性模量为 $16\mathrm{MPa}$，厚度 h 为 $1\mathrm{mm}$，材料 II 在下，为基体材料，基体材料为钢结构，弹性模量为 $206\mathrm{GPa}$，泊松比为 0.3。

将以上参数代入（4-51）、式（4-52）可得异材参数

$$\alpha = -1, \beta = -0.275 \tag{4-76}$$

将式（4-74）～式（4-76）代入式（4-72）、式（4-73）可得冲击点界面应力为

$$\sigma_y = -1.03 \left\{ \frac{25}{164} m^3 \left[\frac{16}{9} r (E^*)^2 \right] V_0^6 \right\}^{\frac{1}{5}} (\sin\theta)^{\frac{6}{5}} \qquad (4\text{-}77)$$

$$\tau_{xy} = \left\{ \frac{125}{64} m^3 \left[\frac{16}{9} r (E^*)^2 \right] V_0^6 \right\}^{\frac{1}{5}} \cos\theta (\sin\theta)^{\frac{1}{5}} \qquad (4\text{-}78)$$

由式（4-77）、式（4-78）即可画出冲击点界面的应力图，如图 4-14、图 4-15 所示。

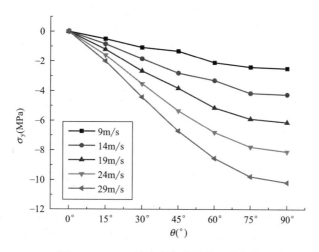

图 4-14　$x=0$ 时冲击点界面的正应力图

如图 4-14 所示，为 $x=0$ 时接触点界面的正应力图，由图可以看出，在冲击点处，同一速度时，随着冲击角度的增大，冲击点界面的正应力值随之增大，在冲击角度为 90°时，冲击点界面正应力达到最大。同时，在冲击点处，同一冲击角度时，随着冲击速度的增大，冲击点界面的正应力随之增大。

如图 4-15 所示，为 $x=0$ 时冲击点界面的剪应力图，由图可以看出，在冲击点处，同一速度时，冲击角度为 30°，冲击点界面的剪应力值最大；当冲击角度小于 30°时，冲击点界面的剪应力随着冲击角度的增大而增大；当冲击角度大于 30°时，冲击点界面的剪应力随着冲击角度的增大而减小，同时，在冲击点处，同一冲击角度时，随着冲击速度的增

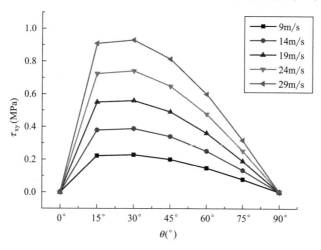

图 4-15　$x=0$ 时冲击点界面的剪应力图

大，冲击点界面的剪应力随之增大。

5.冲击角度一定时，冲击速度对界面正应力的影响分析

由式（4-70）可知界面正应力表达式为

$$
\sigma_y = -\frac{1-\alpha}{2\pi(1+\beta)}\left[\frac{2xP_x - 2P_yh}{x^2+h^2} - \frac{x(x^2-h^2)P_x - 2x^2hP_y}{(x^2+h^2)^2}\right]
$$
$$
+\frac{(1-\alpha)\beta}{\pi(1-\beta^2)}\frac{-P_yx^2h + P_yh^3 - 2P_xxh^2}{(x^2+h^2)^2}
$$
$$
+\frac{1-\alpha}{2\pi(1-\beta)}\left[\frac{xP_x + P_yh}{x^2+h^2} + \frac{-P_yx^2h + P_yh^3 - 2P_xxh^2}{(x^2+h^2)^2}\right]
$$

其中：$P_y = -P_{y,\text{max}} = -\left\{\frac{25}{164}m^3\left[\frac{16}{9}r(E^*)^2\right]V_0^6\right\}^{\frac{1}{5}}(\sin\theta)^{\frac{6}{5}}$

$$
P_x = P_{x,\text{max}} = \left\{\frac{125}{64}m^3\left[\frac{16}{9}r(E^*)^2\right]V_0^6\right\}^{\frac{1}{5}}\cos\alpha(\sin\theta)^{\frac{1}{5}}
$$

由于平均风速 $V \leqslant 7\text{m/s}$ 时对涂层材料影响较小，且内蒙古中西部地区沙尘天气的风沙流速度多数分布在 $9 \sim 26\text{m/s}$ 的范围内，因而计算分析时选择 5 个风沙流冲击速度值，分别为 9m/s、14m/s、19m/s、24m/s、29m/s，选择 7 个风沙流冲击角度值，分别为 0°、15°、30°、45°、60°、75°、90°。将已知数据代入式（4-71），计算可得界面正应力与冲击速度、冲击角度之间的变化曲线图，由计算数据可知，在冲击角度为 0°时，界面正应力值恒为零，不受冲击速度和其他参数的影响，可分别画出冲击角度为 15°、30°、45°、60°、75°、90°时，不同冲击速度下界面正应力的变化曲线，如图 4-16 所示。

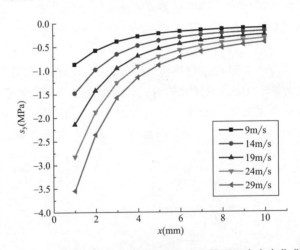

图 4-16　冲击角度为 15°时，不同冲击速度下界面正应力变化曲线图

如图 4-16 所示，为冲击角度 15°时，不同冲击速度下界面正应力变化曲线图，从图中可以看出，冲击载荷作用下，界面正应力主要为压应力，在冲击点附近界面正应力值较大，随着离冲击点距离的增大，界面的正应力值随之减小，最后趋近于零；随着冲击速度的增大，界面的正应力值随之增大。冲击角度为 15°，在冲击点附近，冲击速度为 29m/s 时，界面正应力取得最大值为 3.5MPa；冲击速度为 9m/s 时，界面正应力取得最小值为 0.9MPa。

如图 4-17 所示，为冲击角度 30°时，不同冲击速度下界面正应力变化曲线图，从图中可以看出，风沙粒子冲击作用下，界面正应力主要为压应力，冲击速度越大，界面正应力值越大，在冲击点附近界面正应力值较大，离冲击点的距离越大，界面的正应力值越小，最后趋近于零；冲击角度为 30°，冲击点附近，冲击速度为 29m/s 时，界面正应力取得最大值为 4.6MPa，速度为 9m/s 时，界面正应力取得最小值为 1.1MPa。随着离冲击点的距离越远，冲击速度对界面正应力的影响逐渐减小。

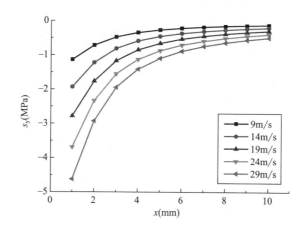

图 4-17　冲击角度为 30°时，不同速度下界面正应力变化曲线图

如图 4-18 所示，为冲击角度 45°时，不同冲击速度下界面正应力变化曲线图，从图中可以看出，风沙粒子冲击作用下，涂层与基体材料界面正应力主要为压应力，沙粒冲击速度越大，涂层与基体界面正应力值越大，涂层与基体材料界面正应力在冲击点附近取得较大值，离冲击点的距离越远，涂层与基体材料界面的正应力值越小，最后趋近于零；冲击角度为 45°，冲击点附近，涂层与基体材料界面正应力在冲击速度为 29m/s 时取得最大值为 5.2MPa，冲击速度为 9m/s 时取得最小值为 1.1MPa。随着离冲击点的距离越远，冲击速度对界面正应力的影响逐渐减小。

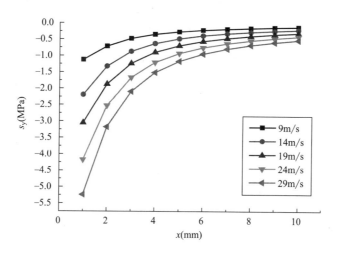

图 4-18　冲击角度为 45°时，不同速度下界面正应力变化曲线图

　　如图 4-19 所示，为冲击角度 60°时，不同冲击速度下界面正应力变化曲线图，从图中可以看出，风沙粒子冲击作用下，涂层与基体材料界面正应力主要为压应力，涂层与基体材料界面正应力随着冲击速度的增大而增大，在冲击点附近涂层与基体材料界面正应力值较大，涂层与基体材料界面的正应力随着离冲击点距离的增大而减小，最后趋近于零；冲击角度为 60°，冲击点附近，冲击速度为 29m/s 时，界面正应力取得最大值为 5.4MPa，冲击速度为 9m/s 时，界面正应力取得最小值为 1.3MPa。随着离冲击点的距离越远，冲击速度在界面引起的正应力变化范围越小。

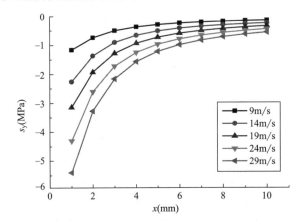

图 4-19　冲击角度为 60°时，不同速度下界面正应力变化曲线图

　　如图 4-20 所示，为冲击角度 75°时，不同冲击速度下界面正应力变化曲线图，从图中可以看出，风沙粒子冲击作用下，涂层与基体材料界面正应力主要为压应力，沙粒冲击速度越大，涂层与基体材料界面正应力值越大，在冲击点附近涂层与基体材料界面正应力取得较大值，离冲击点的距离越大，涂层与基体材料界面的正应力值越小，最后趋近于零；冲击角度为 70°，冲击点附近，冲击速度为 29m/s 时，涂层与基体材料界面正应力取得最大值为 5.1MPa，冲击速度为 9m/s 时，界面正应力取得最小值为 1.2MPa。随着离冲击点的距离越远，冲击速度在界面引起的正应力变化范围越小。

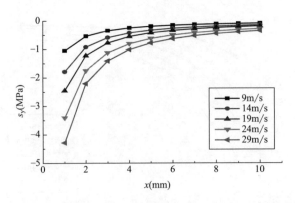

图 4-20　冲击角度为 75°时，不同速度下界面正应力变化曲线图

　　如图 4-21 所示，为冲击角度 90°时，不同冲击速度下界面正应力变化曲线图，从图中可以看出，风沙粒子冲击作用下，涂层与基体材料界面正应力主要为压应力，涂层与基体材料界面正应力随着冲击速度的增大而越大，在冲击点附近涂层与基体材料界面正应力取得较大值，离冲击点的距离越远，涂层与基体材料界面的正应力值越小，最后趋近于零；冲击角度为 90°，冲击点附近，冲击速度为 29m/s 时，界面正应力取得最大值为 4.3MPa，速度为 9m/s 时，界面正应力取得最小值为 1.0MPa。随着离冲击点的距离越远，冲击速度在界面引起的正应力变化范围越小。

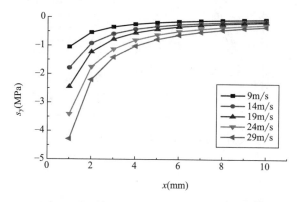

图 4-21　冲击角度为 90°时，不同速度下界面正应力变化曲线图

6.冲击速度一定时，冲击角度对界面正应力的影响分析

将已知数据代入式（4-71），计算可得界面正应力与冲击速度、冲击角度之间的变化曲线图，由计算数据可知，在冲击角度为 0°时，界面正应力值恒为零，不受冲击速度和其他参数的影响，可分别画出冲击速度为 9m/s、14m/s、19m/s、24m/s、29m/s，时，不同冲击角度下界面正应力的变化曲线，如图 4-22～图 4-26 所示。

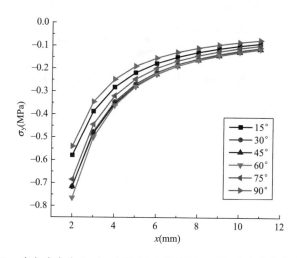

图 4-22　冲击速度为 9m/s，不同冲击角度时界面正应力变化的曲线图

如图 4-22 所示，为冲击速度 9m/s 时，不同冲击角度时界面正应力变化的曲线图，由图可以看出，风沙粒子冲击作用下，涂层与基体材料界面正应力主要为压应力，在冲击点附近，界面正应力值较大，远离冲击点，界面的正应力值随之减小，当冲击角度为 90°时，界面的正应力值最小，当冲击角度为 60°时，界面的正应力值最大，30°和 45°时界面的正

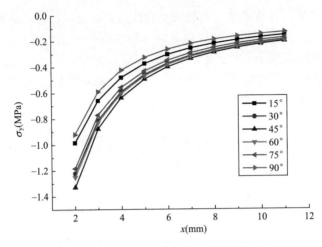

图 4-23   冲击速度为 14m/s，不同冲击角度时界面正应力变化的曲线图

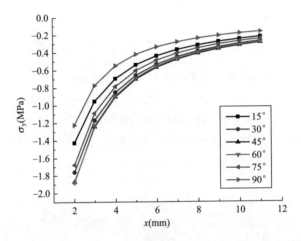

图 4-24   冲击速度为 19m/s，不同冲击角度时界面正应力变化的曲线图

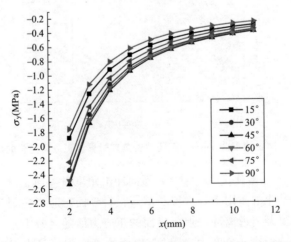

图 4-25   冲击速度为 24m/s，不同冲击角度时界面正应力变化的曲线图

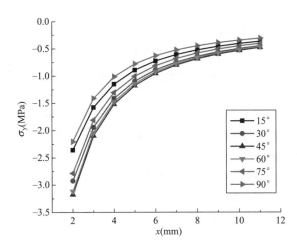

图 4-26   冲击速度为 29m/s，不同冲击角度时界面正应力变化的曲线图

应力值相差不大，同时当冲击角度小于 60°时，随着角度的增大界面的正应力值随之增大，当冲击角度大于 60°时，随着角度的增大界面的正应力值随之减小。

如图 4-23 所示，为冲击速度 14m/s 时，不同冲击角度时界面正应力变化的曲线图，由图可以看出，风沙粒子冲击作用下，在冲击点附近，涂层与基体材料界面正应力值较大，远离接触点，界面的正应力值较小，且在远离冲击点的界面处，随着角度的变化界面正应力的值基本不变，当冲击角度为 90°时，界面的正应力值最小，当冲击角度为 45°时，界面的正应力值最大，同时当冲击角度小于 45°时，随着角度的增大界面的正应力值随之增大，当冲击角度大于 45°时，随着角度的增大界面的正应力值随之减小。

如图 4-24 所示，为冲击速度 19m/s 时，不同冲击角度时界面正应力变化的曲线图，由图可以看出，风沙粒子冲击作用下，在冲击点附近，涂层与基体材料界面正应力值较大，且界面的正应力值随着离冲击点距离的增加而减小；在远离冲击点的界面，随着冲击角度的增大涂层与基体材料界面正应力的值的变化越小。当冲击角度为 90°时，涂层与基体材料界面的正应力值最小，当冲击角度为 45°时，界面的正应力值最大，且冲击角度为 60°和 45°时界面的应力值基本相同，同时当冲击角度小于 45°时，随着冲击角度的增大界面的正应力值随之增大，当冲击角度大于 45°时，随着角度的增大界面的正应力值随之减小。

如图 4-25 所示，为冲击速度 24m/s 时，不同冲击角度时界面正应力变化的曲线图，其变化规律基本与冲击速度为 19m/s，不同冲击角度时界面正应力变化规律基本相同，在冲击点附近，涂层与基体材料界面正应力值较大，在远离冲击点附近，涂层与基体材料界面的正应力值较小，且在确定的界面，远离接触点的界面，冲击角度对界面正应力值的影响变小，当冲击角度为 90°时，界面的正应力值最小，当冲击角度为 45°时，界面的正应力值最大，且 60°和 45°时界面的应力值基本相同，同时当冲击角度小于 45°时，随着角度的增大界面的正应力值随之增大，当冲击角度大于 45°时，随着角度的增大界面的正应力值随之减小。

如图 4-26 所示，为冲击速度 29m/s 时，不同冲击角度时界面正应力变化的曲线图，其变化规律基本与冲击速度为 19m/s、24m/s，不同冲击角度时界面正应力变化规律基本相同，风沙冲击作用下，在冲击点附近，涂层与基体材料界面正应力值较大，越远离冲击点，界面的正应力值越小，当冲击角度为 90° 时，界面的正应力值最小，当冲击角度为 45° 时，界面的正应力值最大，且 60° 和 45° 时界面的应力值基本相同，同时当冲击角度小于 45° 时，随着角度的增大界面的正应力值随之增大，当冲击角度大于 45° 时，随着角度的增大界面的正应力值随之减小。

综上所述，可得到以下结论：

（1）界面正应力随着冲击速度的增大而增大。

（2）在接触点附近界面正应力较大，越远离接触点，界面正应力随之减小。

（3）当冲击角度为 90° 时，界面正应力值最小，冲击角度在 45° 附近时，界面正应力值达到最大。

（4）冲击角度小于 45° 时，随着冲击角度的增大，界面正应力随之增大，冲击角度大于 45° 时，随着角度的增大，界面正应力减小。

7. 冲击角度一定时，冲击速度对界面剪应力的影响分析

由式（4-71）可知界面剪应力表达式为

$$\tau_{xy} = \left[\frac{1-\alpha}{2\pi(1+\beta)} \frac{x(x^2-h^2)P_y + 2x^2hP_x}{(x^2+h^2)^2} + \frac{(1-\alpha)\beta}{\pi(1-\beta^2)} \frac{P_xx^2h - P_xh^3 - 2P_yxh^2}{(x^2+h^2)^2} \right.$$
$$\left. + \frac{1-\alpha}{2\pi(1-\beta)} \right] \left[\frac{P_xh - P_yx}{x^2+h^2} + \frac{P_xx^2h - P_xh^3 - 2P_yxh^2}{(x^2+h^2)^2} \right]$$

同正应力一样，带入相应参数可以得出冲击角度为 15°、30°、45°、60°、75°、90° 时，不同冲击速度下界面剪应力的变化曲线，如图 4-27～图 4-32 所示。

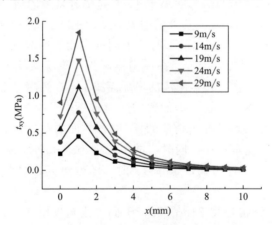

图 4-27　冲击角度为 15° 时，不同冲击速度下界面的剪应力

如图 4-27 所示，为冲击角度 15° 时，不同冲击速度下界面的剪应力变化曲线，由图可以看出，当冲击速度一定时，界面剪应力在离接触点距离为 1mm 的界面处达到最大值，在离接触点距离小于 1mm 的界面处，界面的剪应力随着离接触点的距离的增大而增大，在离接触点距离大于 1mm 的界面处，界面的剪应力随着离接触点的距离的增大而减小，直到趋近于零。无论离界面接触点的距离如何变化，在同一距离的界面处，随着冲击速度的增大，界面的剪应力随之增大。由图还可以看出，在离接触点距离大于 8mm 的界面处，速度对界面的剪应力基本没有影响。

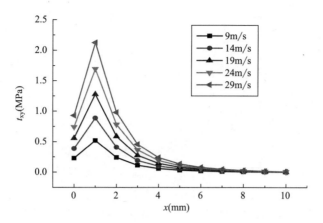

图 4-28　冲击角度为 30°时，不同冲击速度下界面的剪应力

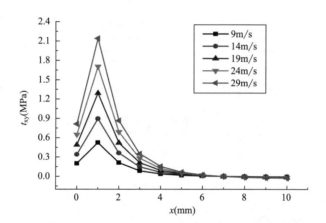

图 4-29　冲击角度为 45°时，不同冲击速度下界面的剪应力

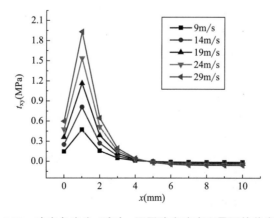

图 4-30　冲击角度为 60°时，不同冲击速度下界面的剪应力

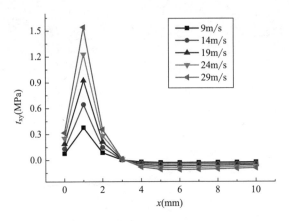

图 4-31　冲击角度为 75°时，不同冲击速度下界面的剪应力

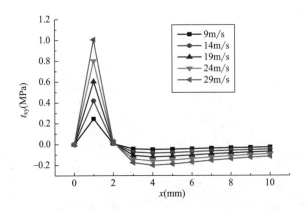

图 4-32　冲击角度为 90°时，不同冲击速度下界面的剪应力

　　如图 4-28 所示，该图是冲击角度为 30°时，不同冲击速度下界面的剪应力变化曲线，由图可以看出，随着离接触点距离的增大，界面的剪应力先增大，后减小，最后趋近于零，且在离接触点距离为 1mm 的界面处剪应力达到最大值。在离接触点距离小于 1mm 的界面处，界面的剪应力随着离接触点的距离的增大而增大，在离接触点距离大于 1mm 的界面处，界面的剪应力随着离接触点的距离的增大而减小。在离接触点距离相同的界面处，速度越大，界面的剪应力也越大，且在离接触点距离大于 7mm 的界面处，速度对界面的剪应力基本没有影响。

　　如图 4-29 所示，该图是冲击角度为 45°时，不同冲击速度下界面的剪应力变化曲线，由图可以看出，不管冲击速度如何变化，界面的剪应力变化规律基本相同，即界面的剪应力随着离接触点距离的增大，界面的剪应力先增大，后减小，最后趋近于零，且在离接触点距离为 1mm 的界面处剪应力达到最大值。在离接触点距离小于 1mm 的界面处，界面的剪应力随着离接触点的距离的增大而增大，在离接触点距离大于 1mm 的界面处，界面的剪应力随着离接触点的距离的增大而减小。在离接触点距离相同的界面处，速度越大，界面的剪应力也越大，且在离接触点距离大于 6mm 的界面处，速度对界面的剪应力基本没有影响。

如图 4-30 所示，为冲击角度 60°时，不同冲击速度下界面的剪应力变化曲线，由图可以看出，随着离接触点距离的增大，界面剪应力先增大后减小，界面剪应力在离接触点距离为 1mm 的界面处达到最大值。在离接触点距离小于 1mm 的界面处，界面的剪应力随着离接触点的距离的增大而增大，在离接触点距离大于 1mm 且小于 4mm 的界面处，界面的剪应力随着离接触点的距离的增大而减小，在离接触点距离大于 4mm 的界面处，界面的剪应力基本趋近于零，不再有较大的变化。此外，在离接触点同一距离的界面处，随着冲击速度的增大，界面的剪应力随之增大。由图还可以看出，在离接触点距离大于 4mm 的界面处，速度对界面的剪应力也基本没有影响。

如图 4-31 所示，为冲击角度 75°时，不同冲击速度下界面的剪应力变化曲线，由图可以看出，随着离接触点距离的增大，界面剪应力先增大后减小，界面剪应力在离接触点距离为 1mm 的界面处达到最大值，在离接触点距离小于 1mm 的界面处，界面的剪应力随着离接触点的距离的增大而增大，在离接触点距离大于 1mm 且小于 3mm 的界面处，界面的剪应力随着离接触点的距离的增大而减小，在离接触点距离大于 3mm 的界面处，界面的剪应力基本趋近于零。此外，在离接触点同一距离的界面处，随着冲击速度的增大，界面的剪应力随之增大。由图还可以看出，在离接触点距离大于 3mm 的界面处，速度对界面的剪应力基本没有影响。

如图 4-32 所示，为冲击角度 90°时，不同冲击速度下界面的剪应力变化曲线，由图可以看出，随着离接触点距离的增大，界面剪应力先增大后减小，界面剪应力在离接触点距离为 1mm 的界面处达到最大值。在离接触点距离小于 1mm 的界面处，界面的剪应力随着离接触点的距离的增大而增大，在离接触点距离大于 1mm 且小于 2mm 的界面处，界面的剪应力随着离接触点的距离的增大而减小，在离接触点距离大于 2mm 的界面处，界面的剪应力基本趋近于零，不再有较大的变化。此外，在离接触点同一距离的界面处，随着冲击速度的增大，界面的剪应力随之增大。由图还可以看出，在离接触点距离大于 2mm 的界面处，速度对界面的剪应力也基本没有影响。

综上所述，可得到以下结论：

（1）随着冲击速度的增大，界面剪应力的值随之增大。

（2）在离接触点距离为 1mm 的界面处，界面剪应力值达到最大，在离接触点距离小于 1mm 的界面，界面剪应力随着离接触点距离的增大而增大，在离接触点距离大于 1mm 的界面，界面剪应力随着离接触点距离的增大而减小。

（3）当冲击角度为 30°时，界面的剪应力值最大，且随着冲击角度的增大，界面剪应力的在界面引起的影响范围逐渐减小。

4.3 风沙冲击作用下涂层与钢结构基体界面的位移分析

4.3.1 风沙冲击作用下涂层与钢结构基体界面的位移表达式

在平面问题中，位移分量通过 Goursat 的应力函数可表示为

$$2\mu(u + iv) = \kappa\varphi - z\overline{\varphi'} - \overline{\psi} \tag{4-79}$$

将式（4-79）代入式（4-80）可得

$$2\mu(u+iv) = \frac{\kappa(1-\alpha)}{1+\beta} C\ln z_1 - z\frac{1-\alpha}{1+\beta}\frac{\overline{C}}{\overline{z_1}} - \frac{2(1-\alpha)\beta\overline{C}}{1-\beta^2}\frac{\overline{z_1}-ih}{\overline{z_1}} + \frac{1-\alpha}{1-\beta}\left[C\overline{\ln z_1} + \frac{ih\overline{C}}{\overline{z_1}}\right]$$

$$(4\text{-}80)$$

将 $y=0$ 代入（4-80），整理式（4-80）可得界面位移表达式：

$$u = -\frac{1-\alpha}{4\pi\mu(1+\beta)}\left[\frac{-x^2 P_x + P_y xh}{x^2+h^2} - \kappa P_y \tan\left(\frac{h}{x}\right)\ln\sqrt{x^2+h^2}\right]$$
$$+ \frac{(1-\alpha)\beta}{2\pi\mu(1-\beta^2)}\frac{-x^2 P_x + P_y xh}{x^2+h^2}$$
$$+ \frac{1-\alpha}{4\pi\mu(1-\beta)}\left[\frac{-h^2 P_x - P_y xh}{x^2+h^2} + P_y \tan\left(\frac{h}{x}\right)\ln\sqrt{x^2+h^2}\right] \qquad (4\text{-}81)$$

$$v = -\frac{1-\alpha}{4\pi\mu(1+\beta)}\left[\frac{P_x xh + P_y x^2}{x^2+h^2} + \kappa P_x \tan\left(\frac{h}{x}\right)\ln\sqrt{x^2+h^2}\right] + \frac{(1-\alpha)\beta}{2\pi\mu(1-\beta^2)}\frac{P_x xh + P_y x^2}{x^2+h^2}$$
$$+ \frac{1-\alpha}{4\pi\mu(1-\beta)}\left[\frac{-P_x xh + P_y h^2}{x^2+h^2} - P_x \tan\left(\frac{h}{x}\right)\ln\sqrt{x^2+h^2}\right] \qquad (4\text{-}82)$$

4.3.2　风沙冲击作用下涂层与钢结构基体界面的位移分析

1. 风沙冲击作用下涂层与钢结构基体界面的水平位移

由式（4-81）可知，风沙冲击下涂层与钢结构基体界面水平位移的表达式为：

$$u = -\frac{1-\alpha}{4\pi\mu(1+\beta)}\left[\frac{-x^2 P_x + P_y xh}{x^2+h^2} - \kappa P_y \tan\left(\frac{h}{x}\right)\ln\sqrt{x^2+h^2}\right] + \frac{(1-\alpha)\beta}{2\pi\mu(1-\beta^2)}\frac{-x^2 P_x + P_y xh}{x^2+h^2}$$
$$+ \frac{1-\alpha}{4\pi\mu(1-\beta)}\left[\frac{-h^2 P_x - P_y xh}{x^2+h^2} + P_y \tan\left(\frac{h}{x}\right)\ln\sqrt{x^2+h^2}\right]$$

将已知参数代入式（4-81）计算可得涂层与钢结构基体界面水平位移，不同的冲击速度、不同的冲击角度在不同的界面点产生不同的位移，通过计算数据可画出不同冲击速度、不同冲击角度下界面水平位移的变化曲线，如下图所示。

如图 4-33 所示，为冲击角度 15°时，不同冲击速度下界面水平位移的变化曲线。从图中可以看出，在冲击点附近界面水平位移较小，在离冲击点距离约为 5mm 的界面处，界

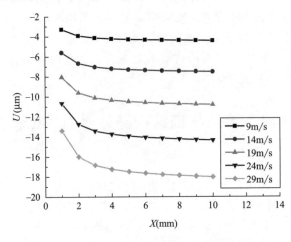

图 4-33　冲击角度为 15°时，不同冲击速度下界面水平位移的变化曲线

面位移达到最大，且在离冲击点距离小于 5mm 的界面，界面水平位移随着离冲击点距离的增大而增大，在离冲击点距离大于 5mm 的界面，界面水平位移随着离冲击点距离的增大基本不变；界面水平位移随着冲击速度增大而增大，在冲击速度为 29m/s，冲击点附近的位移约为 13.4μm。

如图 4-34 所示，为冲击角度 30°时，不同冲击速度下界面水平位移的变化曲线。从图中可以看出，界面水平位移随着冲击速度增大而增大，在冲击速度为 29m/s，冲击点附近的位移约为 13.8μm，且在冲击点附近界面水平位移较小；在离冲击点距离约为 3mm 的界面处，界面水平位移达到最大，且在离冲击点距离小于 3mm 的界面，界面水平位移随着离冲击点距离的增大而增大，在离冲击点距离大于 3mm 的界面，界面水平位移随着离冲击点距离的增大基本不变。

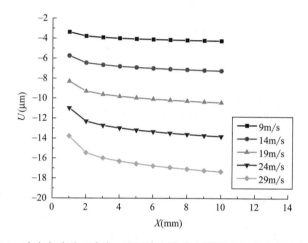

图 4-34　冲击角度为 30°时，不同冲击速度下界面水平位移的变化曲线

如图 4-35 所示，为冲击角度 45°时，不同冲击速度下界面水平位移的变化曲线。从图中可以看出，界面水平位移随着冲击速度增大而增大，在冲击速度为 29m/s，冲击点附近的位移约为 12.2μm，且冲击速度越小，界面水平位移的变化范围越小，界面水平位移随着离冲击点距离的增大而增大，但变化范围很小。

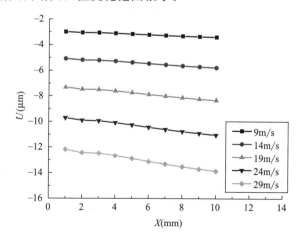

图 4-35　冲击角度为 45°时，不同冲击速度下界面水平位移的变化曲线

如图 4-36 所示，为冲击角度 60°时，不同冲击速度下界面水平位移的变化曲线。从图中可以看出，界面水平位移随着冲击速度增大而增大，在冲击速度为 29m/s，冲击点附近的位移约为 9.1μm，且在冲击点附近界面水平位移较大；在离冲击点距离约为 3mm 的界面处，界面水平位移达到最小，且在离冲击点距离小于 3mm 的界面，界面水平位移随着离冲击点距离的增大而减小，在离冲击点距离大于 3mm 的界面，界面水平位移随着离冲击点距离的增大而增大。

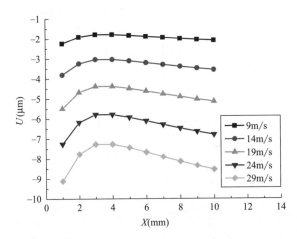

图 4-36　冲击角度为 60°时，不同冲击速度下界面水平位移的变化曲线

如图 4-37 所示，为冲击角度 75°时，不同冲击速度下界面水平位移的变化曲线。从图中可以看出，界面水平位移随着冲击速度增大而增大，在冲击速度为 29m/s，冲击点附近的位移约为 5.0μm，在冲击点附近界面水平位移较大，在离冲击点距离约为 4mm 的界面处，界面水平位移达到最小，且在离冲击点距离小于 4mm 的界面，界面水平位移随着离冲击点距离的增大而减小；在离冲击点距离大于 4mm 的界面，界面水平位移随着离冲击点距离的增大而增大，且在冲击点附近，界面水平位移变化范围较大，易发生破坏。

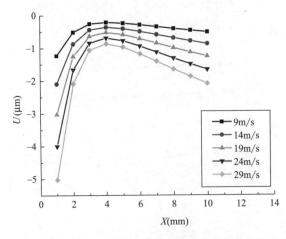

图 4-37　冲击角度为 75°时，不同冲击速度下界面水平位移的变化曲线

如图 4-38 所示，为冲击角度 90°时，不同冲击速度下界面水平位移的变化曲线。从图

中可以看出，界面水平位移随着冲击速度增大而增大，在冲击速度为 29m/s，冲击点附近的位移约为 $0.4\mu m$，在冲击点附近界面水平位移较小，在离冲击点距离约为 4mm 的界面处，界面水平位移达到最大，且在离冲击点距离小于 4mm 的界面，界面水平位移随着离冲击点距离的增大而增大，在离冲击点距离大于 4mm 的界面，界面水平位移随着离冲击点距离的增大而减小，且在冲击点附近，界面水平位移变化范围较大，易发生破坏。

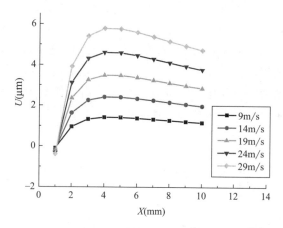

图 4-38　冲击角度为 90°时，不同冲击速度下界面水平位移的变化曲线

2. 风沙冲击作用下涂层与钢结构基体界面的垂直位移

由式（4-82）可知，风沙冲击下涂层与钢结构基体界面垂直位移的表达式为：

$$v = -\frac{1-\alpha}{4\pi\mu(1+\beta)}\left[\frac{P_x xh + P_y x^2}{x^2+h^2} + \kappa P_x \tan\left[\frac{h}{x}\right]\ln\sqrt{x^2+h^2}\right] + \frac{(1-\alpha)\beta}{2\pi\mu(1-\beta^2)}\frac{P_x xh + P_y x^2}{x^2+h^2}$$
$$+ \frac{1-\alpha}{4\pi\mu(1-\beta)}\left[\frac{-P_x xh + P_y h^2}{x^2+h^2} - P_x \tan\left[\frac{h}{x}\right]\ln\sqrt{x^2+h^2}\right]$$

将已知参数代入式（4-82）计算可得涂层与钢结构基体界面垂直位移，不同的冲击速度、不同的冲击角度在不同的界面点产生不同的位移，通过计算数据可画出不同冲击速度、不同冲击角度下界面垂直位移的变化曲线，如图 4-39 所示。

如图 4-39 所示，为冲击角度 15°时，不同冲击速度下界面垂直位移的变化曲线。由图

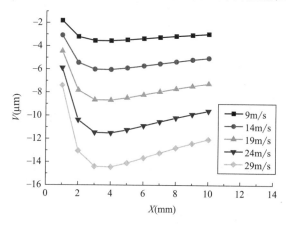

图 4-39　冲击角度为 15°时，不同冲击速度下界面垂直位移的变化曲线

中可以看出，界面垂直位移随着冲击速度的增大而增大，在冲击速度为 29m/s 时，冲击点附近的位移约为 $7.4\mu m$，且在冲击点附近界面垂直位移较小，在离冲击点距离约为 4mm 的界面处，界面垂直位移达到最大，在离冲击点距离小于 4mm 的界面，界面垂直位移随着离冲击点距离的增大而增大，且变化范围较大，在离冲击点距离大于 4mm 的界面，界面垂直位移随着离冲击点距离的增大而减小。

如图 4-40 所示，为冲击角度 30°时，不同冲击速度下界面垂直位移的变化曲线。由图中可以看出，界面垂直位移随着冲击速度增大而增大，在冲击速度为 29m/s 时，冲击点附近的位移约为 $11.8\mu m$。在冲击点附近界面垂直位移较小，在离冲击点距离约为 4mm 的界面处，界面垂直位移达到最大，在离冲击点距离小于 4mm 的界面，界面垂直位移随着离冲击点距离的增大而增大，且变化范围较大，在离冲击点距离大于 4mm 的界面，界面垂直位移随着离冲击点距离的增大而减小，且变化范围较小。

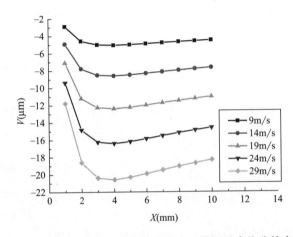

图 4-40　冲击角度为 30°时，不同冲击速度下界面垂直位移的变化曲线

如图 4-41 所示，为冲击角度 45°时，不同冲击速度下界面垂直位移的变化曲线。由图中可以看出，界面垂直位移随着冲击速度增大而增大，在冲击速度为 29m/s，冲击点附近的位移约为 $15.3\mu m$，且在冲击点附近界面垂直位移较小，在离冲击点距离约为 4mm 的界面处，界面垂直位移达到最大，在离冲击点距离小于 4mm 的界面，界面垂直位移随着离

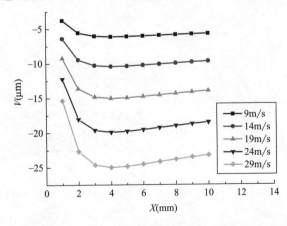

图 4-41　冲击角度为 45°时，不同冲击速度下界面垂直位移的变化曲线

冲击点距离的增大而增大，且变化范围较大，在离冲击点距离大于 4mm 的界面，界面垂直位移随着离冲击点距离的增大而减小，且变化范围较小。

如图 4-42 所示，为冲击角度 60°时，不同冲击速度下界面垂直位移的变化曲线。由图中可以看出，界面垂直位移随着冲击速度增大而增大，在冲击速度为 29m/s，冲击点附近的位移约为 17.7μm，在冲击点附近界面垂直位移较小，在离冲击点距离约为 4mm 的界面处，界面垂直位移达到最大，在离冲击点距离小于 4mm 的界面，界面垂直位移随着离冲击点距离的增大而增大，且变化范围较大，在离冲击点距离大于 4mm 的界面，界面垂直位移基本不变。

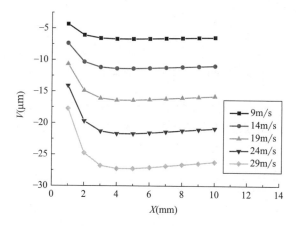

图 4-42　冲击角度为 60°时，不同冲击速度下界面垂直位移的变化曲线

如图 4-43 所示，为冲击角度 75°时，不同冲击速度下界面垂直位移的变化曲线。由图中可以看出，界面垂直位移随着冲击速度增大而增大，在冲击速度为 29m/s，冲击点附近的位移约为 18.8μm，在冲击点附近界面垂直位移较小，在离冲击点距离小于 4mm 的界面，界面垂直位移随着离冲击点距离的增大而增大，且变化范围较大，在离冲击点距离大于 4mm 的界面，界面垂直位移基本不变。

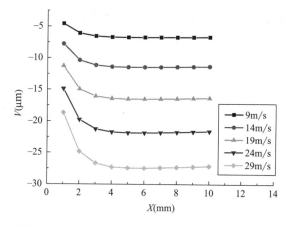

图 4-43　冲击角度为 75°时，不同冲击速度下界面垂直位移的变化曲线

如图 4-44 所示，为冲击角度 90°时，不同冲击速度下界面垂直位移的变化曲线。由图中可以看出，界面垂直位移随着冲击速度增大而增大，在冲击速度为 29m/s，冲击点附近

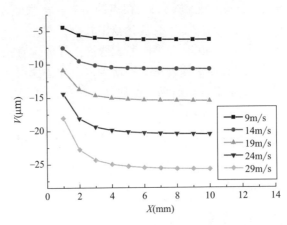

图 4-44　冲击角度为 90°时，不同冲击速度下界面垂直位移的变化曲线

的位移约为 $18.1\mu m$，在冲击点附近界面垂直位移较小，界面垂直位移随着离冲击点距离的增大而增大，且在离冲击点距离小于 4mm 的界面，界面垂直位移变化范围较大，在离冲击点距离大于 4mm 的界面，界面垂直位移基本不变。

4.4　本章小结

本章应用弹性力学和接触力学分析研究的基本原理和方法，对钢结构涂层受风沙流粒子冲蚀磨损的力学行为进行了理论分析和计算。研究得到以下主要结论：

（1）应用 Hertz 接触理论，分析了弹性撞击时接触的力学行为，得到了法向最大撞击动力、总压缩变形及压缩量随时间的变化关系。

（2）根据 Hertz 接触理论，建立了风沙流粒子冲蚀钢结构涂层的冲蚀接触力学模型，分析得到了冲蚀接触时的涂层法向接触动力最大值、总法向压缩量、变形区最大半径及接触面最大法向动应力。

（3）根据 Hertz 接触理论，利用风沙流粒子冲蚀钢结构涂层的冲蚀接触力学模型，分析得到了粒子冲蚀涂层时的涂层切向接触动力最大值及接触面最大切向动应力。

（4）利用 Tresca 最大剪应力准则，分析了风沙流粒子冲蚀钢结构涂层时，涂层塑性屈服的开始发生时的屈服应力临界值及其临界法向相对速度。

本章对风沙粒子冲击涂层与基体材料的过程进行了理论分析，研究了在不同冲击速度、不同冲击角度下涂层与基体材料界面应力的变化规律，可总结为以下几点：

（1）随着速度的增大，界面正应力及剪应力值都随之增大。

（2）界面正应力在冲击点附近较大，越远离冲击点，界面正应力越小；界面剪应力在离冲击点距离为 1mm 的界面处，界面剪应力值达到最大，在离冲击点距离小于 1mm 的界面，界面剪应力值随着离冲击点距离的增大而增大，在离冲击点距离大于 1mm 的界面，界面剪应力值随着离冲击点距离的增大而减小。

（3）冲击点处界面正应力在冲击角度为 90°时达到最大，在离冲击点有一定距离时，界面正应力值在冲击角度为 90°时最小，在冲击角度为 45°左右时达到最大，且当冲击角度小于 45°时，随着冲击角度的增大，界面正应力随着角度的增大而增大，冲击角度大于 45°

时，随着冲击角度的增大，界面正应力随着角度的增大而减小。

（4）随着冲击速度的增大，界面剪应力的值随之增大，且随着离冲击点距离的增大，界面剪应力先增大后减小，直到趋近于零。

（5）当冲击角度为 30°时，界面的剪应力值最大，且随着冲击角度的增大，界面剪应力的在界面引起的影响范围逐渐减小。

本章分析了风沙粒子冲击涂层与基体材料时在涂层与基体材料界面位引起的位移，研究了在不同冲击速度、不同冲击角度下涂层与基体材料界面位移的变化规律，可总结为以下几点：

（1）界面水平位移和界面垂直位移随着冲击速度的增大而增大。

（2）当冲击角度小于 45°时，界面水平位移随着离冲击点距离的增大先增大后基本不变；当冲击角度为大于 45°小于 90°时，界面水平位移随着离冲击点距离的增大先减小后增大；当冲击角度等于 90°时，界面水平位移随着离冲击点距离的增大先增大后减小；当冲击角度小于 30°时，随着冲击角度的增大，界面水平位移增大，当冲击角度大于 30°时，界面水平位移随着冲击速度的增大而减小。

（3）当冲击角度小于 45°时，随着离冲击点距离的增大，界面垂直位移先增大后减小；冲击角度为 45°～90°时，随着离冲击点距离的增大，界面垂直位移先增大后基本不变；当冲击角度小于 75°时，随着冲击角度的增大，界面垂直位移增大，当冲击角度大于 75°时，界面垂直位移随着冲击速度的增大而减小。

本章参考文献

[1] K. L. Johnson. 接触力学 [M]. 徐秉业译. 北京：高等教育出版社，1992.

[2] Maw N. , Barber J R. Oblique Impact of Elastic Spheres [J]. Wear，1976（38）：101-114 .

[3] N. Maw, A. E. H. Love. Treatise on the Mathematical Theory of Elasticity. Cambridy university press, 1952.

[4] 俞汉青，陈金德. 金属塑性形成原理 [M]. 北京：机械工业出版社，1999.

[5] 沈观林，胡更开. 复合材料力学 [M]. 北京：清华大学出版社，2006.

[6] 郭源君. 水机涡轮弹性涂层抗冲蚀理论及应用 [D]. 沈阳：辽宁工程技术大学，2004.

[7] 陈芳，秦昊. 细度尺度下岩石沿晶断裂应力强度因子计算研究 [J]. 岩土力学，2011，32（3）：941-945.

第 **5** 章
风沙环境下钢结构涂层的冲蚀试验研究

本章采用气流挟沙喷射法通过模拟风沙环境侵蚀实验系统进行了风沙环境下钢结构涂层的冲蚀试验，研究了影响钢结构涂层冲蚀磨损的 4 个主要因素（风沙流冲蚀速度、冲蚀角度、沙尘浓度和冲蚀时间）对钢结构涂层的冲蚀磨损性能和不同冲蚀力学参数下钢结构涂层的冲蚀磨损失重量变化规律，分析其抗冲蚀磨损性能。

5.1 试验方法及试验装置

5.1.1 试验方法及分析

目前研究材料受气固两相流粒子的冲蚀磨损所用的试验方法主要有以下几种。

1.转盘冲蚀磨损试验法

转盘磨损试验方法可操作性强，但其存在试验中工程材料的受力方式和实际冲蚀状态不一致，且冲蚀速度有限的问题，其试验结果难以真实有效地反映材料在风沙流冲蚀状态下的冲蚀磨损特性。因此，一般较少采用该方法。

2.现场模拟试验法

采用实际风沙流冲蚀材料表面，其能较好地模拟风沙流的真实运动特性，获得的试验成果也更接近实际工程情况，但这一方法的试验周期长，成本高，同时由于在现场条件下，影响冲蚀磨损规律的试验参数难以改变，且由于现场环境影响因素的复杂性，该试验方法的应用局限性较大。

3.气流挟沙喷射法

此方法是以一定压力的压缩空气为动力，挟带沙粒子，形成挟沙气流对材料进行冲蚀，以材料冲蚀磨损失重量评价其抗冲击磨损性能。该方法由于其试验时所需试样尺寸小、试验参数易于控制、试验周期短、操作简单易行，可较为真实模拟实际风沙环境的冲蚀情况，是一种较好地模拟风沙环境冲蚀磨损的试验方法。

本书采用气流挟沙喷射试验法对钢结构涂层进行冲蚀磨损试验研究。

在风沙环境下钢结构涂层的冲蚀磨损试验研究中，风沙冲蚀力学参数较多，需要一种参数便于控制，且能够较为真实的模拟风沙环境下钢结构涂层冲蚀磨损的试验设备。

5.1.2 试验装置

试验装置示意图如图 5-1 所示，试验装置由高压气源系统、供沙系统、冲蚀系统三部分组成。高压气源系统包括空气压缩机、气压表、稳压阀、导气管路等；供沙系统由沙箱和流量控制阀及导管组成，沙粒从沙箱进入流量控制器，调节试验时所需沙流量，从而实现试验时对风沙浓度的控制；冲蚀系统主要由喷枪、冲蚀室、试件夹具等组成，冲蚀室一方面模拟风沙环境，另一方面对沙粒进行回收，试件夹具可在 0°～90°范围内调节冲蚀角度，喷嘴到试件的距离也可进行调节。此外，利用风速仪来测定冲蚀时风沙流速度，通过调节气压阀可以调节风沙流速度。如图 5-2 所示为试验装置图。

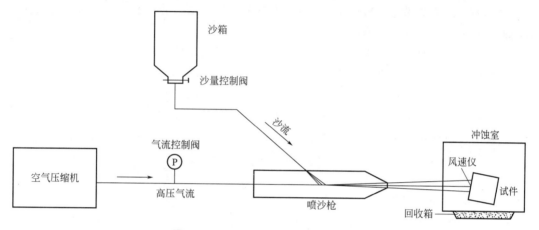

图 5-1　风沙环境冲蚀磨损试验装置图

(a)　　　　　　　　　　　　　　(b)

图 5-2　模拟风沙环境冲蚀试验装置图

（a）空气压缩机；（b）冲蚀箱

5.2　风沙冲蚀磨损性能的评价方法分析

如何评定材料冲蚀磨损性能是研究冲蚀磨损中最为重要的一个问题，即冲蚀磨损量化问题。冲蚀磨损的可靠性测量直接关系到冲蚀磨损的量化，因此冲蚀磨损程度的可靠性测量是研究其量化问题的关键。

1. 冲蚀磨损量化的评价方法

冲蚀磨损量化是评定冲蚀磨损性能的一个关键问题。目前研究冲蚀磨损量化的主要方法有质量损失测定法、尺寸变化测定法、现代形貌测定法和放射性同位素测定法等[1-2]。其中质量损失法（也称失重法）是通过测量材料冲蚀前后的质量变化来评价其冲蚀磨损程度。由于该方法操作简单，且能较高精度的测定冲蚀失重量，因此在冲蚀磨损量化技术中占主要地位，被普遍应用。目前基于该方法的研究已经取得了很多重要成果[3-13]。不论是在试验室，还是实际冲蚀工况的试验研究，均可利用该方法。

2. 冲蚀率的评价方法

材料的冲蚀率是评定材料耐冲蚀性能好与坏的标准，目前测量材料冲蚀率的方法主要有两种：质量磨耗测量法和体积磨耗测量法。

（1）质量磨耗测量法，该方法是通过测量冲蚀前后材料质量的变化来计算冲蚀率的方法。目前此方法应用较为普遍。冲蚀率（ε）用如下公式表示：

$$\varepsilon = 材料失重(mg)/磨料质量(g) \tag{5-1}$$

（2）体积磨耗测量法，该方法也就是按试验前后的体积变化计算磨损率的方法。通过材料的密度可以转化为质量的变化。体积磨损率 E_V（$mm^3 \cdot g^{-1}$）用如下公式表示：

$$E_V = (m_0 - m_1)/(\rho m) \tag{5-2}$$

式中　ρ——试样密度，单位：$g \cdot cm^{-3}$；

　　　m_0——试样的原始质量，单位：g；

　　　m_1——冲蚀磨损后试样的质量，单位：g；

　　　m——磨料总质量，单位：g。

3. 冲蚀形貌的观测方法

用扫描电子显微镜（SEM）观察材料冲蚀磨损损伤部位，通过形貌分析，探讨材料冲蚀机理。

本书根据研究的特点，采用质量损失测定法（失重法）来评定钢结构涂层的冲蚀磨损失重量，利用精密电子天平（精度为 0.1mg）测量冲蚀试验前后涂层质量的变化 ΔM（单位：mg）来确定冲蚀磨损失重量，天平如图 5-4 所示。

5.3　内蒙古中部区域风沙环境冲蚀磨损试验研究

5.3.1　内蒙古中部区域风沙环境特征分析

1. 风沙流粒子的特征分析

风沙流粒子是影响冲蚀磨损的主要外部因素之一，本书研究的试验用沙取自内蒙古中部地区鄂尔多斯高原北部的库布齐沙漠。库布齐沙漠是中国第七大沙漠，东西长约 265km，南北长约 60km，面积大约 1.72 万 km^2，是影响内蒙古中西部地区乃至华北地区沙尘天气的主要沙源地之一，选取该沙漠沙粒有较好的工程背景和实际意义。

沙粒矿物组成主要有岩屑、长石和石英三种颗粒组成，三种颗粒的总含量一般为 90%以上。对沙粒特征进行分析如下：

（1）沙粒粒径分布分析

采用筛分法分析沙粒粒径分布情况。筛分筛和电子天平如图 5-3 和图 5-4 所示。

图 5-3 筛分筛

图 5-4 电子天平

筛分筛孔径由上至下为 0.5mm、0.25mm、0.1mm 和 0.074mm，用电子天平称重 100g 沙子经筛分后再称重各粒径含量，分析分布比例情况。进行 10 次筛分试验，沙粒粒径变化范围及其平均值见表 5-1。

其粒径主要分布在 0.074～0.250mm 之间，含量高达 85％以上。大于 0.250mm 的颗粒不到 5％，而小于 0.074mm 也只有不足 10％。表明沙的粒径很细，且级配不良。

库布齐沙漠沙粒粒径分布 表 5-1

粒径（mm）		＞0.500	0.500～0.250	0.250～0.100	0.100～0.074	＜0.074
含量（％）	变化范围	0～1.34	2.54～4.83	55.34～71.28	16.66～23.08	6.69～11.93
	平均值	1.12	3.76	65.47	20.17	9.48

（2）沙粒形状分析

沙粒形状采用德国徕卡公司（LEICA）的型号为 DMLM/11888605 的光学显微镜进行观测分析，结果如图 5-5 所示，近似呈圆形和椭圆形的可以占到 80％以上，这主要是由于沙粒在长时间运动过程中相互的撞击和磨损造成的。

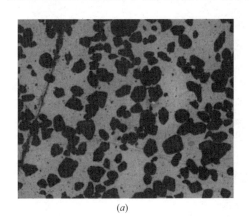

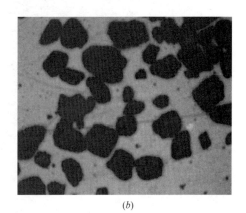

(a)   (b)

图 5-5 库布齐沙漠沙粒形状图

（a）放大 50 倍；（b）放大 100 倍

（3）沙粒硬度：显微硬度 7750MPa；莫氏硬度 6 级。

（4）沙粒密度：$\rho = 2.7g/cm^3$。

2.风沙流冲蚀速度

风沙流冲蚀速度是影响钢结构涂层材料冲蚀磨损的主要外部因素之一，本文试验风速根据风力等级情况设置，如表 5-2 所示。由于 4 级及以下风力（平均风速 $V \leqslant 7m/s$）对材料影响较小，且内蒙古中西部地区沙尘天气的风沙流速度多数分布在 9～26m/s 的范围内，故试验从 5 级风力开始设置 8 个风速值，分别为 9m/s、12m/s、16m/s、19m/s、23m/s、26m/s、31m/s 和 35m/s。

风力（风速）等级表　　　　　　　　　　　　　表 5-2

风力等级	相当于平地十米高处的风速(m/s)	
	风速范围	平均风速
1	0.3～1.5	1
2	1.6～3.4	2
3	3.5～5.5	4
4	5.6～8.0	7
5	8.1～10.8	9
6	10.9～13.9	12
7	14.0～17.2	16
8	17.3～20.8	19
9	20.9～24.8	23
10	24.9～28.8	26
11	28.9～33.6	31
12	3.7～38.6	35

试验时利用型号为 KA23/33 的风速仪测定风沙流速度，沙粒通过高速气流在管道中加速后到达涂层表面，认为在涂层表面的沙粒速度近似等于风速，风速测定仪如图 5-6 所示。

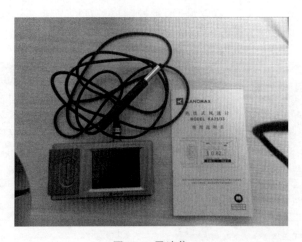

图 5-6　风速仪

3.风沙流冲蚀角度

为研究不同冲蚀角度 α 对涂层冲蚀磨损的影响，试验时设置了 7 个冲蚀角度 α，分别为：5°、15°、30°、45°、60°、75°和90°，试验过程中通过调节夹具的高度和角度来控制冲蚀角度。其夹具图如图5-7所示。

4.下沙率（沙尘浓度）

试验设置5个不同下沙率：45g/min、90g/min、120g/min、210g/min和300g/min，通过控制下沙率 M_s（g/min）来模拟内蒙古中西部地区不同沙尘浓度的沙尘暴。

在研究中设定室内试验沙尘浓度为 TSP'（$\mu g/m^3$），室外实际天气沙尘浓度为 TSP（$\mu g/m^3$），两者的单位相同，数值大小不同。

（1）室外实际沙尘天气的沙尘浓度 TSP

室外实际天气沙尘浓度 TSP 控制参考中国气

图5-7 夹具图

象局矫梅燕等专家研究成果[14]，矫梅燕等专家将沙尘天气进行了定量分级，研究了强沙尘暴、沙尘暴、扬沙的沙尘浓度，沙尘天气类型与沙尘浓度对应关系如表5-3所示。

室外实际沙尘天气类型与沙尘浓度 TSP 对应关系　　　　　　表5-3

沙尘天气分类	扬沙	沙尘暴	强沙尘暴
沙尘浓度 TSP（$\mu g/m^3$）	800～3000	3000～9000	9000～15000

（2）室内试验沙尘浓度 TSP'

室内模拟风沙环境侵蚀试验中的沙尘浓度为 TSP'，其计算公式定义为：

$$TSP' = \frac{M_s'}{Q'} \tag{5-3}$$

式中　TSP'——试验沙尘浓度，单位：$\mu g/m^3$；

　　　　M_s'——试验中设定的下沙率，单位：g/min。试验中通过控制下沙率 M_s 实现对试验沙尘浓度 TSP' 的控制；

　　　　Q'——试验输沙体积率，单位：m^3/s（计算见式（5-4））。

试验中输沙体积率 Q' 的计算：研究根据流体力学中对流量的定义，采用如下公式定义了本研究中室内试验风沙流的输沙体积率 Q'：

$$Q' = A'v' \tag{5-4}$$

式中　Q'——室验输沙体积率，单位：m^3/s；

　　　　v'——室内试验中风沙流冲蚀速度，单位：m/s；

　　　　A'——室内试验中风沙流过流横截面面积，单位：m^2。

注意以上公式在计算过程中要进行单位的统一，研究中试验沙尘浓度 TSP' 大于实际沙尘天气沙尘浓度 TSP，其可以实现快速冲蚀试验。

算例1：试验中经测试，风沙流过流截面是指在试件表面正前方处半径为 r 的圆形，经测量本试验试件表面正前方处圆形风沙流过流截面的半径 r 为80mm，其面积 A' 计算结果为：

$$A' = \pi r^2 = 3.14 \times 80^2 = 20096mm^2 = 2.0096 \times 10^{-2} m^2$$

室内试验下沙率与试验沙尘浓度换算，设试验下沙率为 90g/min，风沙流冲蚀速度 v' 为 25m/s，试验试件表面正前方处圆形风沙流过流截面的半径为 r 为 80mm，换算成试验沙尘浓度 $TSP'=3.0\times10^{6}\mu g/m^3$

$$解：TSP'=\frac{M'_s}{Q'}=\frac{M'_s}{A'v'}=\frac{90g/min}{2.0096\times10^{-2}m^2\times25m/s}=\frac{\dfrac{90\times10^6\mu g}{60s}}{\dfrac{2.0096\times10^{-2}m^2\times25m}{s}}$$

$$=\frac{90\times10^6\mu g}{2.0096\times10^{-2}\times25\times60m^3}=3.0\times10^{6}\mu g/m^3 \tag{5-5}$$

同理，特定情况下根据实际不同沙尘暴的沙尘浓度，可以反推对应的试验下沙率。

算例 2：当实际强沙尘暴的沙尘浓度为 $15000\mu g/m^3$，实际风沙速度 $v=25m/s$，冲蚀在截面 $A=0.02m^2$ 的物体表面上，利用以上公式，换算出该情况下的实际下沙率 $M_s=0.45g/min$。

$$解：\qquad M_s=TSP\times Av=15000\times0.02\times25=7500\mu g/s=0.45g/min \tag{5-6}$$

5.3.2　风沙流冲蚀速度对钢结构涂层冲蚀磨损失重量的影响

在冲蚀磨损试验中，由于沙粒子在管道中的加速，在喷枪出口处认为沙粒子和风速相近。图 5-8 是钢结构涂层在各冲蚀角度下，冲蚀时间为 10min，下沙率 $M_s=90g/min$ 的条件下，钢结构涂层冲蚀磨损失重量与风沙流冲蚀速度 V（m/s）变化的关系曲线图。由图可知，无论是低角度冲蚀，还是高角度冲蚀，钢结构涂层的冲蚀磨损失重量均随着风沙流冲蚀速度的增大而显著增加。因为此时风沙流粒子的动能是冲蚀钢结构涂层唯一能量来源，冲蚀速度增大，其动能增加，致使钢结构涂层冲蚀磨损加剧。

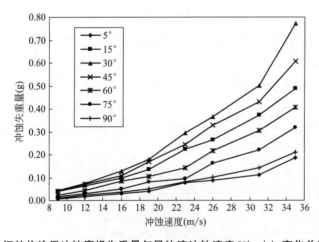

图 5-8　钢结构涂层冲蚀磨损失重量与风沙流冲蚀速度 V(m/s) 变化关系曲线图

另由图可知，钢结构涂层在冲蚀角度 $\alpha=30°$ 时冲蚀磨损失重量最大；在冲蚀角度 $\alpha=90°$ 时冲蚀磨损失重量最小。图 5-9 是在冲蚀角度为 30°和 90°，冲蚀时间为 10min，下沙率 $M_s=90g/min$ 的条件下，钢结构涂层冲蚀磨损失重量与风沙流冲蚀速度 V（m/s）关系曲线图。

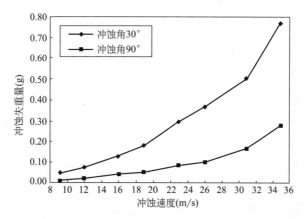

图 5-9 钢结构涂层冲蚀磨损失重量与风沙流冲蚀速度 V(m/s) 关系曲线图

图 5-10（a）、（b）是钢结构涂层在冲蚀角度为 30°和 90°，冲蚀时间为 10min，下沙率 M_s = 90g/min 的条件下，钢结构涂层冲蚀磨损失重量与风沙流冲蚀速度 V(m/s) 关系拟合曲线图。

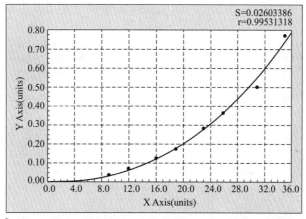

［Power Fit：y=ax^bCoefficient；Data：a=0.00019167941、b=2.3225153］
(a)

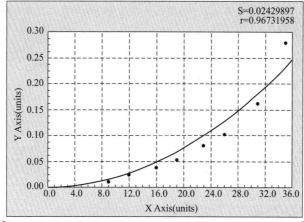

［Power Fit：y=ax^b；Coefficient Data：a=0.00019677869、b=1.9900584］
(b)

图 5-10 钢结构涂层冲蚀磨损失重量与风沙流冲蚀速度 V(m/s) 关系拟合曲线图

（a）冲蚀角为 30°时的拟合结果　　（b）冲蚀角为 90°时的拟合结果

经曲线拟合分析，二者近似呈指数关系：$y = ax^b$

式中，系数 $a \approx (1.9168 \sim 1.9678) \times 10^{-4}$、$b \approx 1.9901 \sim 2.3225$，系数 a、b 的取值受钢结构涂层材料的性能和冲蚀角度因数的影响。

5.3.3　风沙流冲蚀角度对钢结构涂层冲蚀磨损失重量的影响

图 5-11 是钢结构涂层在冲蚀时间为 10min，风沙流速度为 23m/s，下沙率分别为 $M_s = 90g/min$、$M_s = 200g/min$ 和 $M_s = 300g/min$ 的条件下，钢结构涂层冲蚀磨损失重量与冲蚀角度 α（°）关系曲线图。由图可以看出，钢结构涂层冲蚀磨损失重量对冲蚀角度有较大的敏感性，在冲蚀角度 $\alpha = 90°$ 时，钢结构涂层冲蚀磨损失重量达到最小值，在冲蚀角度 $\alpha = 30°$ 时，钢结构涂层冲蚀磨损失重量达到最大值，约为 $\alpha = 90°$ 时冲蚀失重量的 4 倍，这是由于在低角度冲蚀时，决定材料耐冲蚀性能的主要因素是其硬度，而在高角度冲蚀时，决定材料耐冲蚀性能的主要因素是其柔韧性。由于钢结构涂层硬度较低而柔韧性较高，故其在低度度冲蚀下的冲蚀磨损失重量要大于高角度冲蚀磨损失重量。

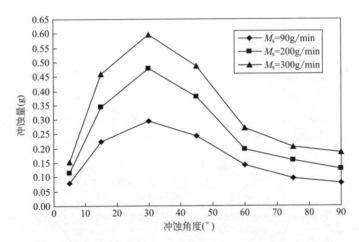

图 5-11　钢结构涂层冲蚀磨损失重量与冲蚀角度关系曲线图

5.3.4　沙尘浓度（下沙率）对钢结构涂层冲蚀磨损失重量的影响

图 5-12 是钢结构涂层在冲蚀时间为 6min，冲蚀速度为 12m/s，冲蚀角度分别为 15°、30°、45°、60°、75°和 90°的条件下，钢结构涂层冲蚀磨损失重量与下沙率关系曲线图。

由图可知，钢结构涂层的冲蚀磨损失重量随着下沙率的增加而增大，这是由于下沙率增大时，沙粒数量增加，对钢结构涂层的冲蚀动能加大，致使其冲蚀磨损失重量增加。另由图可以看出，钢结构涂层在低角度冲蚀下的冲蚀磨损失重量要大于高角度冲蚀磨损失重量。

图 5-13 是钢结构涂层在冲蚀角度为 $\alpha = 90°$，冲蚀速度为 12m/s 的条件下，在 $M_s = 45g/min$ 和 $M_s = 120g/min$ 两种不同下沙率工况下的钢结构涂层冲蚀磨损累计失重量曲线图。由图可知，下沙率 $M_s = 120g/min$ 时钢结构涂层的冲蚀磨损累计失重量要大于下沙率 $M_s = 45g/min$ 时钢结构涂层的冲蚀磨损累计失重量。

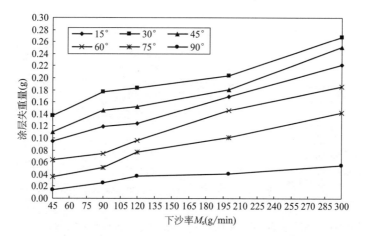

图 5-12　钢结构涂层冲蚀磨损失重量与下沙率关系曲线图

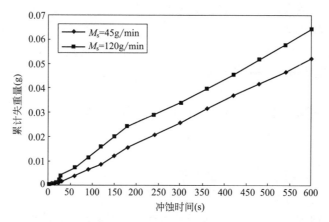

图 5-13　两种不同下沙率工况下的钢结构涂层冲蚀磨损累计失重量曲线图

5.3.5　钢结构涂层冲蚀磨损过程的分析研究

图 5-14 是在冲蚀角度为 90°，风沙流速度为 12m/s 条件下，在 $M_s=45$g/min 和 $M_s=$ 120g/min 两种不同下沙率工况下的钢结构涂层冲蚀失重率曲线图。材料的冲蚀过程一般要历经孕育期、上升期和稳定期三个不同阶段，由图可知钢结构涂层材料在冲蚀过程中也有这三个不同阶段。而且不同的下沙率会影响涂层冲蚀过程的孕育期、上升期和稳定期的历时。当 $M_s=45$g/min 时，孕育期约 30s，上升期约 150s，在冲蚀时间约 180s 后进入稳定期；当 $M_s=120$g/min 时，孕育期约 20s，上升期约 70s，在冲蚀时间约 90s 后进入稳定期。大剂量的孕育期和上升期历时要小于小剂量的情况。

钢结构涂层材料在冲蚀过程中三个不同阶段的损伤机理：（1）孕育期，也称潜伏期，是冲蚀的起始阶段，在此阶段，钢结构涂层材料表面层产生塑性变形，在钢结构涂层表面局部微区出现由少数冲蚀强度很大的沙粒形成的冲蚀坑，此时材料的质量没有损失或损失很小，甚至没有明显的破坏痕迹；（2）上升期，也称加速期，在这一阶段，钢结构涂层表面在持续冲蚀作用下发生硬化，并在冲蚀坑附近产生疲劳裂纹，裂纹不断扩展，造成冲蚀

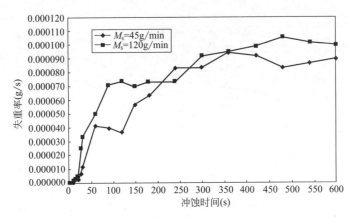

图 5-14　两种不同下沙率工况下的钢结构涂层冲蚀磨损失重率曲线图

坑周边的材料小块剥落。由于裂纹产生需要的冲蚀力和裂纹扩展所需的驱动力要远远小于产生冲蚀坑所需的冲蚀力，因此，冲蚀强度小的粒子也能造成涂层小块剥落，故此阶段钢结构涂层冲蚀失重量加剧；（3）稳定期，在这一阶段，钢结构涂层材料表面已经破坏，在凹凸不平的表面上较难形成新的冲蚀坑，此时造成涂层材料损失的主要途径是裂纹的产生和扩展，故钢结构涂层失重率趋于稳定。

5.4　内蒙古西部区域风沙环境冲蚀磨损试验研究

5.4.1　内蒙古西部区域风沙环境特征分析

1. 风沙流粒子的特征分析

试验用沙取自内蒙古西部阿拉善地区的腾格里沙漠。腾格里沙漠是中国的第四大沙漠，面积 42700km²。沙漠内部有沙丘、湖盆、草滩、山地、残丘及平原等交错分布。该沙漠是内蒙古中西部地区的主要沙源地，选取该处地域具有较好的工程背景和实际意义。

沙粒矿物主要由长石、石英和暗色矿物等颗粒组成，石英和长石的总含量占到 90％以上。本试验对沙粒的特征进行了如下分析：

（1）沙粒的粒径分析

试验中采用筛分法分析了沙漠沙粒粒径的分布情况，用电子天平称重 250g 沙子，筛分充分后在称量各粒径范围内的重量，分析其粒径分布情况。沙粒粒径变化范围及其平均值见表 5-4。

腾格里沙漠沙粒粒径变化范围及其平均值　　表 5-4

粒径（mm）		>0.5	0.5～0.25	0.25～0.1	0.1～0.05	<0.05
含量（％）	变化范围	0.80～1.36	4.32～6.00	48.12～49.64	41.32～42.48	2.20～2.56
	平均值	1.13	5.17	48.99	42.01	2.40

由表 5-4 可知两个沙漠沙粒粒径主要分布在 0.05～0.25mm 之间，在此区间内，粒径含量均达到 87％以上，0.25mm 以上和 0.05mm 以下所占的含量比例都不足 10％，沙粒

的粒径比较单一。

图 5-15 是库布齐和腾格里两大沙漠颗粒级配曲线，从颗粒级配曲线可以看出，两者的颗粒级配曲线变化趋势基本一致，而且两者的颗粒级配曲线都比较陡，说明两个沙漠中所含沙粒的级配不良。

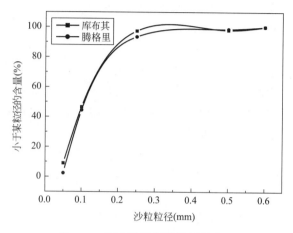

图 5-15 两大沙漠的颗粒级配曲线

（2）沙粒的形状

风沙粒子的形状如图 5-16 所示。沙粒的形状基本呈圆形或椭圆形，只有少数的尖角粒子，这主要是由于沙粒在沙漠中长时间运动过程中相互撞击和磨损造成的。

（a）   （b）

图 5-16 两大沙漠沙粒形状

（a）库布齐沙漠；（b）腾格里沙漠

（3）沙粒的硬度

腾格里沙漠沙粒莫氏硬度为 7 级。

（4）沙粒的密度

腾格里沙漠沙粒密度为 2.65g/cm³。

2.风沙流冲蚀速度

风沙流冲蚀速度是影响涂层材料冲蚀磨损的主要外部因素之一，由于 4 级及以下风力（平均风速 $V \leqslant 7m/s$）对材料影响较小，且内蒙古中西部地区沙尘天气的风沙流速度多数分布在 9～26m/s 的范围内，根据风力等级表 5-2 设置 7 个风速值来模拟内蒙古中西部地区的风沙速度，分别为 13m/s、16m/s、18m/s、20m/s、23m/s、26m/s 和 30m/s。

3. 风沙流冲蚀角度

为了研究不同风沙流冲蚀角度对钢结构涂层冲蚀磨损的影响，确定风沙对钢结构涂层的最大冲蚀角，研究设置了 6 个角度，分别为 15°、30°、45°、60°、75°和 90°。试验过程中通过调节夹具的高度和角度来控制冲蚀角度。

4. 下沙率（沙尘浓度）

试验通过控制下沙率 M_s（g/min）来模拟内蒙古中西部地区不同沙尘浓度下的冲蚀磨损情况。试验研究中沙尘浓度控制参考中国气象局矫梅燕等专家研究成果[5-14]，矫梅燕等专家将沙尘天气进行了定量分级，研究了强沙尘暴、沙尘暴、扬沙的沙尘浓度，沙尘天气类型与沙尘浓度对应关系如表 5-3 所示。

通过沙尘浓度定义设置了 90g/min、150g/min、240g/min、300g/min、360g/min 和 460g/min 六个下沙率来控制风沙冲蚀过程中的沙尘浓度。

5.4.2　风沙流冲蚀速度对钢结构涂层冲蚀磨损的影响

试验中由于沙粒粒径较小，在喷枪管道中很容易加速，沙粒子的速度与风速较为相近，可认为风的速度即为沙粒子的速度，即为风沙流速度 V(m/s)。

图 5-17 是在各个冲蚀角度下，冲蚀时间为 12min，下沙率为 150g/min 的条件下，钢结构涂层冲蚀磨损失重量与风沙流冲蚀速度 V(m/s) 关系曲线图。由图可知，钢结构涂层的冲蚀失重量均随着冲蚀速度的增大而增加。这是由于速度增加，冲蚀沙粒子的动能也相应的增加，粒子对钢结构涂层表面所做的功增多，分子间的结合力不断地被削弱，使大量的分子结构遭到破坏，因此冲蚀磨损失重量不断增加。

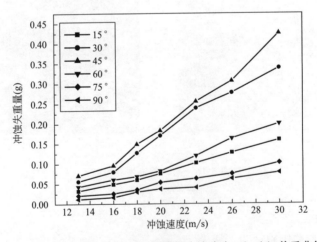

图 5-17　钢结构涂层冲蚀磨损失重量与冲蚀速度 V(m/s) 关系曲线图

图 5-18 是在冲蚀角度为 45°和 90°，下沙率为 150g/min，冲蚀时间为 12min 的条件下，钢结构涂层冲蚀率与风沙流速度 V(m/s) 关系曲线图。由冲蚀率随速度的变化关系可知，45°时冲蚀过程出现了两个变化阶段，低速冲蚀阶段和高速冲蚀阶段；当 $V < 16$m/s 时，冲蚀率变化趋势缓慢，属于低速冲蚀阶段，此时沙粒的能量较低，沙粒与钢结构涂层

的表面碰撞后，由于速度的水平分量较小，不能在钢结构涂层表面留下较长和较深的犁沟和切削，因而涂层冲蚀磨损失重量较少；而在 $V \geqslant 16\text{m/s}$ 时，属于高速冲蚀阶段，由于沙粒速度高，冲击能量大，冲蚀粒子划过涂层表面较长的距离，在涂层表面留下较长和较深的犁沟和切削，冲蚀粒子持续冲击涂层，使得初始产生的变形堆积被推平，材料损失的相对要多。而在 90°时，由于速度不存在水平分量，因此，低速和高速阶段，不能明显的区分。

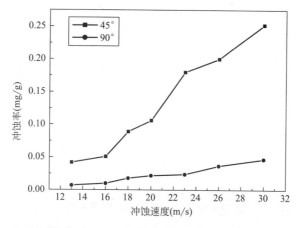

图 5-18　钢结构涂层冲蚀率与风沙流冲蚀速度 V(m/s) 关系曲线图

由图 5-19 和图 5-20 可知，冲蚀率 ε 与冲蚀速度 V 存在指数关系：

$$\varepsilon = KV^n$$

经曲线拟合可知，式中的系数 $K \approx (2.06 \sim 7.01) \times 10^{-4}$、$n \approx 2.39 \sim 2.43$。$K$ 和 n 均与磨粒、被冲蚀材料和冲蚀角等因素有关。根据 Finnie 等研究表明大多数延展性

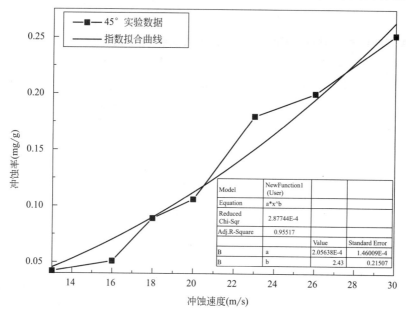

［幂拟合：$\varepsilon = KV^n$　Coefficient Data：$K = 2.06 \times 10^{-4}$；$n = 2.43$］

图 5-19　45°时钢结构涂层冲蚀失率与冲蚀速度的拟合关系曲线图

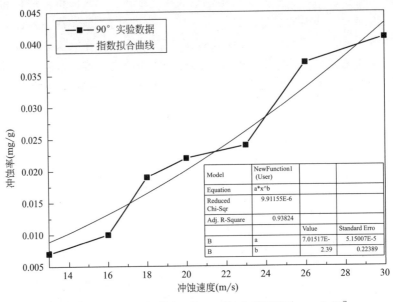

Model	NewFunction1 (User)		
Equation	a*x^b		
Reduced Chi-Sqr	9.91155E-6		
Adj. R-Square	0.93824		
		Value	Standard Erro
B	a	7.01517E-	5.15007E-5
B	b	2.39	0.22389

$$[幂拟合：\varepsilon = KV^n \quad Coefficient\ Data：K = 7.01 \times 10^{-4}；n = 2.39]$$

图 5-20　90°时钢结构涂层冲蚀失率与冲蚀速度的拟合关系曲线图

材料的指数 n 在 $2.0 \sim 3.0$ 范围之内，说明试验的结果符合延展性材料的规律，钢结构涂层属于延展性材料。另外 n 值体现被冲蚀材料对速度的敏感度，n 值越大被冲蚀材料对速度越敏感。可以看出，45°冲角下的速度指数 n 明显比 90°冲角下的速度指数大，这表明 45°冲角下钢结构涂层对沙粒子冲击速度的敏感度增强。此外根据图 5-9 所示的冲蚀失重量随速度的变化趋势可以看出，速度越低钢结构涂层的抗冲蚀磨损性能越好。

5.4.3　风沙流冲蚀角度对钢结构涂层冲蚀磨损失重量的影响

图 5-21 是在下沙率分别为 $90g/min$、$150g/min$ 和 $240g/min$，冲蚀速度为 $20m/s$，冲蚀时间为 $12min$ 的条件下，钢结构涂层的冲蚀磨损失重量与冲蚀角度 $\alpha(°)$ 关系曲线图。

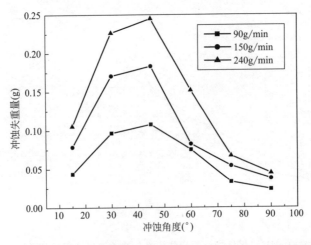

图 5-21　钢结构涂层冲蚀磨损失重量与冲蚀角度 $\alpha(°)$ 的关系曲线图

由图可知，在 45°时钢结构涂层的冲蚀失重量最大，90°时钢结构涂层的冲蚀失重量最小。这是由于在低角度冲蚀时，决定材料耐冲蚀性能的主要因素是其硬度，而在高角度冲蚀时，决定材料耐冲蚀性能的主要因素是其柔韧性。由于钢结构涂层硬度较低而柔韧性较高，故其在低角度冲蚀下的冲蚀磨损失重量要大于高角度冲蚀磨损失重量。典型的塑性材料最大冲蚀失重量出现在 15°～30°之间，典型的脆性材料最大冲蚀失重量出现在接近 90°处。试验中钢结构涂层的最大冲蚀失重量出现在 45°左右，说明钢结构涂层既没有表现出典型塑性材料的冲蚀磨损特征，也没有表现出典型脆性材料的冲蚀磨损特征，而表现出了从塑性材料向脆性材料过渡的特征。

5.4.4 沙尘浓度（下沙率）对钢结构涂层冲蚀磨损失重量的影响

图 5-22 是在各冲蚀角度下，冲蚀速度为 23m/s，时间为 12min 条件下，钢结构涂层冲蚀磨损失重量与下沙率关系曲线图，由图可知，在各个角度下，随着下沙率的增大，涂层冲蚀失重量在 300g/min 时达到最大值，涂层冲蚀失重量的变化呈现两个阶段：上升阶段和下降阶段。当 $M < 300g/min$，冲蚀失重量呈上升趋势，主要是由于随着下沙率的增大，粒子冲击钢结构涂层的动能增大，某一时刻冲击钢结构涂层表面的沙粒子增多，钢结构涂层材料被反复切削、挤压和凿削的次数增多，因而材料损失量也增多。当 $M \geq 300g/min$ 时，冲蚀失重量呈下降趋势，这是由于在试验时理想的假设每一个冲蚀颗粒都是以同一种速度和相同的角度冲击靶材，然而从数据以及试验中观察到，当冲蚀颗粒流量较大时，会发生冲蚀粒子回弹现象，图 5-23 是 Shipway 在试验中观察到的回弹颗粒与入射颗粒和喷嘴之间发生交互作用的照片[15]，回弹的粒子与入射的粒子之间相互交错碰撞，尤其在高浓度情况下这种相互交错的碰撞现象更为明显，粒子之间相互撞击损失大量的能量，碰撞过程中粒子偏离原来的轨迹，甚至冲击不到靶材，这种现象降低了粒子对靶材的冲蚀能力，与我们理想的冲蚀模型相违背。由此我们可以得出，钢结构涂层材料的冲蚀率并不是随着下沙率的增大不断增大，而是在一定下沙率范围内冲蚀率最为明显。总之，沙尘浓度对钢结构涂层冲蚀磨损的影响并不是浓度越大粒子对钢结构涂层的冲蚀磨损程度越严重，相反，浓度达到一定高度时，钢结构涂层的冲蚀磨损程度会有所减轻。

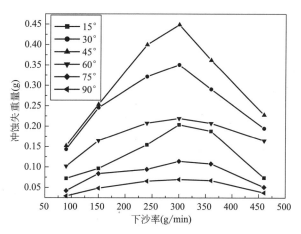

图 5-22 钢结构涂层冲蚀磨损失重量与下沙率关系曲线图

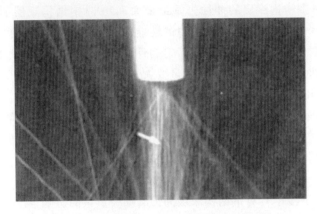

图 5-23　Shipway 在试验中观察到的回弹颗粒
与入射颗粒之间发生交互作用

5.4.5　风沙冲蚀时间对钢结构涂层冲蚀磨损失重量的影响

研究钢结构涂层冲蚀磨损受时间的影响，就要对钢结构涂层的冲蚀过程分段分时间进行分析。试验中对钢结构涂层每隔 5s 进行一次称重得到了涂层累积失重量与时间的关系以及冲蚀过程中冲蚀率随时间的变化关系。

图 5-24 和图 5-25 的冲蚀速度为 26m/s，下沙率为 300g/min，冲蚀时间为 13min。由图 5-24 可知，不同冲蚀角度时钢结构涂层的累积失重量随时间大致呈线性增长趋势，且 45°时线性增长的趋势明显快于 90°时的增长趋势。由图 5-25 可知，钢结构涂层的冲蚀过程存在明显的潜伏期、加速期和稳定期。冲蚀角度为 45°时，冲蚀时间在 0～25s 为潜伏期，25～100s 为加速期，100s 之后进入稳定期；冲蚀角度为 90°时，冲蚀时间在 0～50s 为潜伏期，50～170s 为加速期，170s 之后进入稳定期。90°时的潜伏期和加速期较长。潜伏期内，45°时冲蚀率为零，但是在 90°时，出现冲蚀率为零和负值的情况，这主要是由于在 90°的冲蚀初期，由于入射的沙粒子嵌入涂层，涂层就会产生"增重"的现象，而增重的大小，与冲击角度有关，一般低角度下嵌入增重的趋势明显小于高角度，本文中 45°时没有产生嵌入增重的现象。

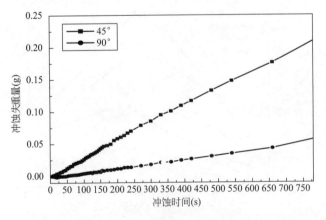

图 5-24　不同冲蚀角度下钢结构涂层累积失重量与冲蚀时间关系图

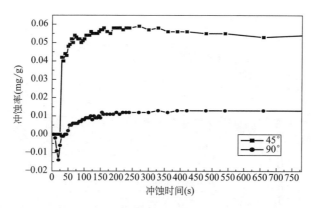

图 5-25　不同冲蚀角度下钢结构涂层冲蚀率与冲蚀时间关系图

　　图 5-26 和图 5-27 的冲蚀角度为 60°，下沙率为 90g/min，冲蚀时间为 13min。由图 5-26 可知，不同冲蚀速度时钢结构涂层的累积失重量随时间大致呈线性增长趋势，且 23m/s 时线性增长的趋势明显快于 19m/s 时增长趋势。由图 5-27 可知，钢结构涂层的冲蚀过程存在明显的潜伏期、加速期和稳定期。冲蚀速度为 23m/s 时，冲蚀时间在 0～15s 为潜伏期，15～200s 为加速期，200s 之后进入稳定期；冲蚀速度为 19m/s 时，冲蚀时间在 0～25s 为潜伏期，25～175s 为加速期，175s 之后进入稳定期。19m/s 时潜伏期较长，23m/s 时加速期较长。在冲蚀角度为 60°时钢结构涂层没有产生嵌入涂层"增重"的现象。

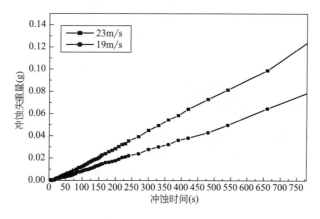

图 5-26　不同速度下钢结构涂层累积失重量与冲蚀时间关系图

　　图 5-28 和图 5-29 的冲蚀角度为 30°，冲蚀速度为 26m/s，冲蚀时间为 13min。由图 5-28 可知，不同下沙率时钢结构涂层的累积失重量随时间大致呈线性增长趋势，且 240g/min 时线性增长的趋势明显快于 90g/min 时增长趋势。由图 5-29 可知，钢结构涂层的冲蚀过程存在明显的潜伏期、加速期和稳定期。下沙率为 240g/min 时，冲蚀时间在 0～20s 为潜伏期，20～200s 为加速期，200s 之后进入稳定期；下沙率为 90g/min 时，冲蚀时间在 0～25s 为潜伏期，25～125s 为加速期，125s 之后进入稳定期。90g/min 潜伏期较长，240g/min 加速期较长。

　　综上所述，在不同冲蚀条件下，钢结构涂层的累积失重量随时间大致呈线性增长趋势，冲蚀过程中存在明显的潜伏期、加速期和稳定期三个阶段，三个阶段的历时由冲蚀角度、冲蚀速度和下沙率等综合因素决定。

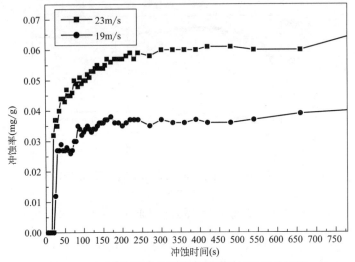

图 5-27　不同冲蚀速度下涂层冲蚀率与时间关系图

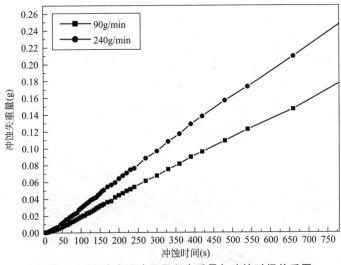

图 5-28　不同沙率下涂层累积失重量与冲蚀时间关系图

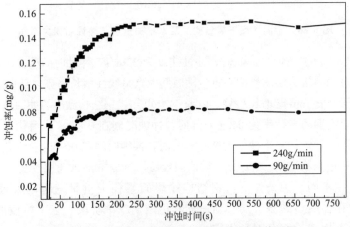

图 5-29　不同下沙率下涂层冲蚀率与时间关系图

冲蚀磨损在三个不同阶段的冲蚀机理：（1）潜伏期，为冲蚀的初始阶段。低冲角时冲蚀率为零，钢结构涂层只发生弹塑性变形，表面留下细微的划痕；高冲角时由于粒子嵌入涂层，冲蚀率可能出现负数的情况，钢结构涂层发生弹塑性变形表面产生细微的冲蚀坑。无论是低冲角还是高冲角，在划痕或冲蚀坑的附近都伴有微裂纹产生，微裂纹疲劳扩展而不使材料流失。（2）加速期，冲蚀率不断上升。此阶段内，钢结构涂层不断吸收冲击能量导致塑性耗尽，此时低冲角时的微切削作用和高冲角时的凿削作用造成的损失占主导地位，二者作用的结果是，前者形成较深的犁沟状的沟痕，后者形成较深较大的冲蚀坑；沟痕和冲蚀坑附近的微裂纹迅速扩展交叉，以致断裂剥落，形成剥落坑，造成材料损失。（3）稳定期，此阶段内钢结构涂层表面已被完全破坏。在凹凸不平的表面上较难造成有效的微切削和凿削。此时钢结构涂层的损失，主要是微裂纹的产生和发展所导致的疲劳破坏。

5.5 本章小结

本章采用气流挟沙喷射法，在不同风沙环境冲蚀力学参数（冲蚀速度、冲蚀角度、沙尘浓度、冲蚀时间）下对钢结构涂层进行了风沙冲蚀磨损试验。得出以下主要结论：

（1）在风沙环境下，钢结构涂层的冲蚀磨损失重量随冲蚀条件变化而变化，且随风沙流冲蚀速度的增加而增加，二者近似呈指数关系；低角度的冲蚀磨损失重量要大于高角度的冲蚀磨损失重量。

（2）涂层在风沙流低角度冲蚀状态下，沙粒水平方向的切削作用起主导地位，材料损伤主要是由于微切削作用及裂纹产生和扩展所致，此时决定材料耐冲蚀性能的主要因素是硬度；而在高角度冲蚀下，由于切削作用逐渐减弱，涂层主要受冲蚀挤压变形作用，此时决定材料耐冲蚀性能主要因素是其柔韧性。由于涂层的硬度较低而柔韧性较高，故其在低角度冲蚀时其失重量较高角度冲蚀更为严重。

（3）钢结构涂层在冲蚀过程中有孕育期、上升期和稳定期三个不同的阶段。不同沙尘浓度（下沙率）会影响这三个阶段的历时。

本章参考文献

[1] 赵会友，李国华. 材料摩擦磨损 [M]. 北京：煤炭工业出版社，2005.

[2] Rochard G，Staffan J. A novelmethod to map and quantify wear on a micro-scale [J]. Wear, 1998, 222：93-102.

[3] 柳伟，郑玉贵. 金属材料的空蚀研究进展 [J]. 中国腐蚀与防护学报. 2001，21（4）：250-255.

[4] 黄凯，林成刚. 高速含沙水流对水轮机的空蚀和磨蚀 [J]. 四川水利. 2008（5）：2-6.

[5] 王再友，陈黄埔，徐英鸽. 20SiMn 钢冲蚀和空蚀的失效行为研究 [J]. 西安交通大学学报. 2002，36（7）：744-747.

[6] 贺秋良. 固体粒子冲蚀磨损的研究 [D]. 西安：西安交通大学材料科学与工程学院，1998.

[7] Tilly G P. Erosion caused by impact of solid particle [A]. Scott D. Treatise on Material Science and Technology：Vol. 13，Wear [C]. London：Acadimic Press，Inc（London）ltd，1979，287-319.

[8] Marques P V，Trevisan R E. An SEM-based method for the evaluation of the cavitation erosion behav-

ior of material [J]. Material Characterization，1998，41（5）：193-200.

[9]　Hammitt F G. Cavitation and multiphase flow phenomena [M]. New York：McGraw-Hill，1980.

[10]　Karimi A，Martin J L. Cavitation erosion of metals [J]. International Metals Reviews，1986，31 （1）：1-26.

[11]　Plesset M S. On the stability of the spherical shape of a vapour cavity in the liquid [J]. J. basic Eng. Trans. ASME，1972.

[12]　Howard R L，Ball A. The solid particle and cavitation erosion of titanium aluminide intermetallic alloys [J]. Wear，1995，186-187：123-128.

[13]　Feller H G，Kharrazi Y. Cavitation erosion of metals and alloys [J]. Wear，1984，93：249-260.

[14]　矫梅燕，赵琳娜，卢晶晶等. 沙尘天气定量分级方法研究与应用 [J]. 气候与环境研究. 2007，1 （3）：350-353

[15]　Bell T. New direction in tribology [A]. London：Mechanical Engineering Publication Ltd. 1997.

第 **6** 章

风沙环境下钢结构涂层冲蚀磨损
机理分析

风沙环境下钢结构涂层的冲蚀磨损机理主要由风沙流的冲蚀角度决定，风沙流粒子对钢结构涂层表面的冲击分为垂直方向的冲击和水平方向的冲击。钢结构涂层受风沙冲蚀磨损后，应用扫描电子显微镜和激光共聚焦显微镜观测其表面涂层受冲蚀磨损的微观形貌和三维形貌，根据观测结果并结合冲蚀试验相关数据，分析其受冲蚀磨损的损伤机理和损伤形貌，并分析其表面粗糙度。

6.1 钢结构涂层冲蚀磨损形貌分析方法

风沙环境下钢结构涂受风沙流粒子冲蚀磨损会造成钢结构涂层破损、导致钢结构构件过早地失效和破坏。钢结构涂层受冲蚀损伤程度与涂层特性及风沙流粒子冲蚀的主要力学参数的联系密切。而风沙流粒子对涂层冲蚀角度的大小决定着钢结构涂层冲蚀磨损损伤的机理[1-5]。当风沙流粒子以某种冲蚀角度向涂层表面冲蚀时，其冲蚀力可分解成平行和垂直于涂层表面的两个分力，平行分力对涂层有微切削的作用；垂直分力能使涂层受冲蚀疲劳变形。风沙流粒子对钢结构涂层的冲蚀磨损过程是同时存在微切削冲蚀磨损与疲劳变形冲蚀磨损的复合冲蚀磨损过程。

研究利用图 6-1 所示日立公司（HITACHI）生产的型号为 S-3400N 的扫描电子显微镜，观测分析钢结构涂层冲蚀磨损部位的微观形貌，通过损伤形貌分析，探讨分析涂层材料冲蚀磨损的损伤机理。

图 6-1　扫描电子显微镜

6.2 钢结构涂层原始表面形貌

图 6-2 是钢结构涂层在冲蚀磨损试验前的原始表面 SEM 形貌图。由图可以看到原始

表面形貌是相对比较平整和致密的，但也有较少缺陷的存在。

图 6-2　钢结构涂层在冲蚀磨损试验前的原始表面 SEM 形貌图

6.3　钢结构涂层冲蚀磨损 SEM 形貌及其损伤机理分析

脆性材料和塑性材料有着不同的冲蚀磨损特性[6-10]。脆性材料的损伤主要是由于冲蚀粒子反复冲蚀材料表面，造成材料表面出现了辐射状裂纹，裂纹相互交错使材料剥落损伤；塑性材料的损伤主要是在冲蚀粒子的冲蚀过程中，造成材料表面发生严重塑性变形，进而由切削作用使材料表面损伤。无论是脆性材料还是塑性材料，冲蚀磨损过程都会随着冲蚀角度的不同而发生明显变化，从而造成材料的冲蚀磨损失重量随着冲蚀角度的变化而变化，脆性材料在高角度冲蚀时破坏严重。塑性材料在低角度（$\alpha = 20° \sim 30°$）冲蚀时破坏严重。

图 6-3 是钢结构涂层在冲蚀时间为 10min，风沙流速度为 23m/s，下沙率为 $M_s = 90$g/min 的条件下，钢结构涂层冲蚀磨损失重量与冲蚀角度 α(°) 关系曲线图。由图可知，当冲蚀角度 $\alpha = 30°$ 时对应涂层最大的冲蚀磨损失重量，随着冲蚀角度的增大，涂层冲蚀磨损失重量不断下降，这显示出典型塑性材料的冲蚀磨损特征。

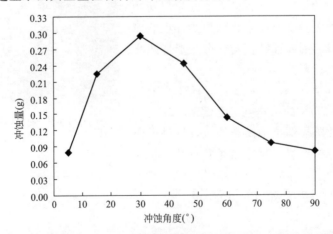

图 6-3　钢结构涂层冲蚀磨损失重量与冲蚀角度 α(°) 关系曲线图

图 6-4 是钢结构涂层在冲蚀角度为 30°和 90°，冲蚀时间为 10min，下沙率 $M_s = 90g/min$ 的条件下，钢结构涂层冲蚀磨损失重量与风沙流冲蚀速度 V（m/s）关系曲线图。图 6-5 是钢结构涂层在冲蚀角度为 30°和 90°时，冲蚀时间为 6min，冲蚀速度为 12m/s 的条件下，钢结构涂层冲蚀磨损失重量与下沙率关系曲线图。如图 6-4 和图 6-5 所示，无论冲蚀角度大小，钢结构涂层材料的冲蚀磨损失重量与沙粒子的动能（即冲蚀速度和下沙率）有较好的相关性。这是由于在风沙流粒子对钢结构涂层冲蚀过程中，风沙流粒子的动能是冲蚀磨损功的唯一来源，冲蚀沙粒子的动能与沙粒子的质量呈线性关系，与沙粒子的速度呈平方关系。在冲蚀过程中，沙粒速度越高，质量越大、数量越多，冲蚀的动能就越高，致使钢结构涂层受冲蚀磨损的程度就会越大。

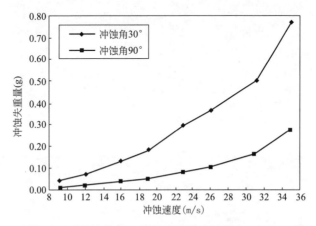

图 6-4　钢结构涂层冲蚀磨损失重量与风沙流冲蚀速度 V(m/s) 关系曲线图

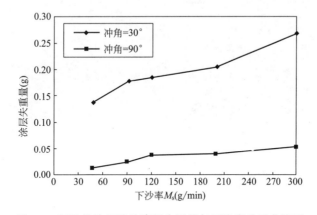

图 6-5　钢结构涂层冲蚀磨损失重量与下沙率关系曲线图

图 6-6（a）、（b）为钢结构涂层材料在低角度（$\alpha = 30°$）冲蚀条件下，冲蚀速度分别为 19m/s 和 23m/s，下沙率为 90g/min，冲蚀时间为 10min 的条件下，钢结构涂层冲蚀磨损后的表面 SEM 形貌图。由图 6-6（a）可以看出，当风沙流粒子冲蚀速度较低时，水平方向切削冲蚀力较小，冲蚀磨损程度较轻微，钢结构涂层表面出现了轻微的顺风沙流方向的切削痕迹。由图 6-6（b）看出，随着冲蚀速度增大，切削作用力逐渐增大，冲蚀磨损程度加剧，钢结构涂层表面出现顺着风沙流冲蚀方向的切削沟槽。由于风沙流粒子的硬度远

大于涂层的硬度，故沙粒可视为刚体性粒子，在低角度冲蚀条件下，沙粒对涂层表面有切削作用，冲蚀速度越高，切削作用越强。此时，风沙流粒子的切削作用控制着钢结构涂层的冲蚀磨损失重量。

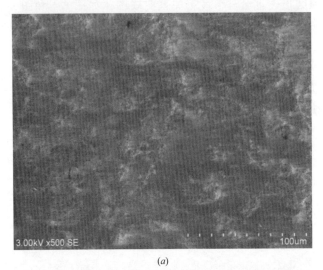

(a)

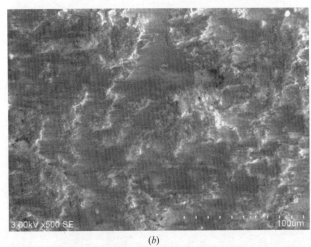

(b)

图 6-6　钢结构涂层材料低角度冲蚀磨损表面 SEM 形貌图

(a) 钢结构涂层冲蚀磨损表面 SEM 形貌（19m/s）；(b) 钢结构涂层冲蚀磨损表面 SEM 形貌（23m/s）

图 6-7 是图 6-6（b）的放大情况。可以看出，钢结构涂层切削沟槽中有裂纹扩展、微断裂以及风沙流粒子从基体剥落的痕迹，表明钢结构涂层材料在低角度冲蚀条件下，涂层破坏主要由裂纹的产生、扩展过程控制。由于微断裂产生的剥落坑，以及涂层材料表面及其内部含有大量缺陷存在，当应力达到材料的临界值时，裂纹易于从缺陷处生成并扩展，对低角度条件下的冲蚀磨损起了促进作用，如图 6-8 所示。

图 6-9 是当冲蚀角度 $\alpha = 60°$，冲蚀速度为 23m/s，下沙率为 90g/min，冲蚀时间为 10min 的条件下，钢结构涂层冲蚀磨损后的表面 SEM 形貌图。如图所示，随着风沙流粒子冲蚀角度的增大，风沙流粒子垂直冲蚀力逐渐增大，而水平冲蚀力减小，切削作用减轻，此时由切削作用在涂层表面产生的切削沟槽痕迹已不明显。当冲蚀角度增大到 90°时，

图 6-7　钢结构涂层切削沟槽中断裂和剥落痕迹

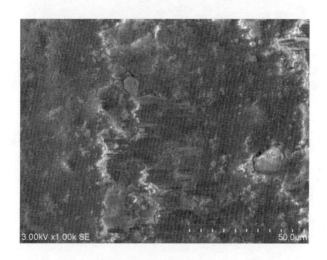

图 6-8　钢结构涂层缺陷处裂纹的生成与扩展

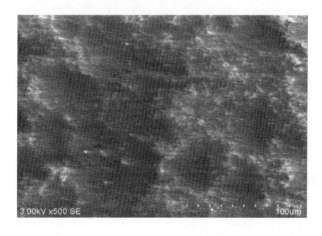

图 6-9　冲蚀角为 60°的钢结构涂层冲蚀磨损表面 SEM 形貌图

风沙流粒子在水平冲蚀力为零，切削作用消失。此时，钢结构涂层所受的作用力全部为垂直冲蚀作用力。图 6-10 是冲蚀角度 $\alpha = 90°$，下沙率为 90g/min，冲蚀时间为 10min 的条件下的冲蚀磨损表面 SEM 形貌图，由图可知，在高角度冲蚀时，钢结构涂层大部分损坏表面都出现了蜂窝状冲蚀楔入坑，冲蚀坑周边有材料被挤压突出，有材料淤积在坑的前侧。由于此时钢结构涂层表面只受冲蚀疲劳变形作用，而不存在切削作用，且钢结构涂层柔韧性较好，因此钢结构涂层只有轻微的冲蚀磨损程度和较小的冲蚀磨损失重量。

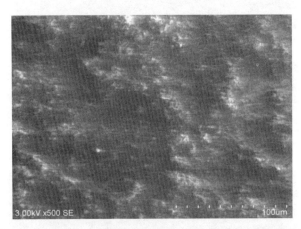

图 6-10　冲蚀角为 90°的钢结构涂层冲蚀磨损表面 SEM 形貌图

6.4　风沙环境不同冲蚀力学参数对钢结构涂层冲蚀损伤机理影响

6.4.1　不同冲蚀角度条件对钢结构涂层冲蚀损伤机理影响

1. 冲蚀磨损试验条件

（1）沙粒粒径：0.05～0.25mm；

（2）试验温度：室温；

（3）冲蚀速度：23m/s；

（4）沙尘浓度：90g/min，150g/min，240g/min，300g/min；

（5）冲蚀角度：15°，30°，45°，60°，75°，90°；

（6）冲蚀时间：12min；

（7）冲蚀试样：40mm×40mm 钢片喷涂奔腾铁红醇酸防锈漆和晨虹醇酸面漆。

2. 试验结果与冲蚀机理

在扫描电子显微镜（SEM）下观测了钢结构涂层在不同冲蚀角度下的冲蚀磨损微观形貌。图 6-7（a）、（b）和（c）分别为冲蚀角度为 15°、45°和 90°，冲蚀速度 V（m/s）为 23m/s，下沙率为 300g/min，冲蚀时间为 12min 条件下的钢结构涂层冲蚀磨损表面 SEM 形貌图。由图可知，冲蚀角度越大，冲蚀产生的划痕和犁沟的方向性越不明显。如图 6-11（a），在低角度 15°时，由于粒子冲击的水平分力较大，钢结构涂层表面出现了明显的水平切削划痕，划痕长而浅。如图 6-11（b），在 45°时，涂层表面出现同一方向的犁沟状划痕，划痕短而深，行唇总是在凹坑的前部，因此尽管粒子反复冲击后，凹坑行唇发生相互重叠，划痕和犁沟的方向仍然明显，涂层的表面因被冲蚀呈现波纹状的形貌，波纹的周围有材料被挤出。如图 6-11（c），在冲蚀角度为 90°时，涂层已经不仅仅是从凹坑的前部被挤出，而是均匀的从凹坑的四周被挤出，图正中出现了由于粒子垂直对材料进行挤压产生的冲击坑，因此，从冲击坑四周被挤出的材料互相叠加，这些被挤压出的材料被粒子不断地冲蚀疲劳以至于剥落。

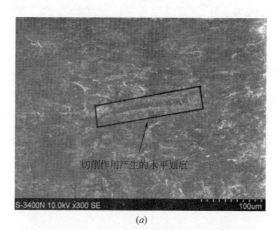

(a)

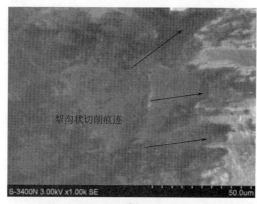

(b)

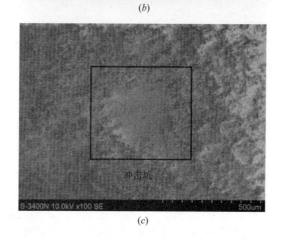

(c)

图 6-11 钢结构涂层冲蚀磨损表面 SEM 形貌图

（a）15°时；（b）45°时；（c）90°时

粒子以一定角度冲蚀涂层时，作用力分解为水平方向的剪切应力和竖直方向的挤压应力。前者主要造成切削和犁沟，后者主要引起冲击作用并诱发裂纹。粒子以低角度冲蚀涂层时，钢结构涂层表面出现了与粒子冲蚀方向相同的犁沟和划痕，在犁沟和划痕的周围同时伴有微裂纹。其原因为低角度冲蚀时，水平方向的分力较大，此时水平方向的微切削作用占主导，根据 Finnie 的冲蚀微切削理论，在低冲蚀角时，涂层的冲蚀磨损破坏机制以微切削为主；同时，竖直方向的挤压应力使涂层表面产生微裂纹，微裂纹扩展和交叉使涂层剥落产生微破坏区。

随着冲蚀角度的增大，水平方向的切削力逐渐减小，而垂直方向的挤压应力不断增大，导致切削作用不断减弱，而垂直的凿削作用逐渐增强。钢结构涂层表面由于切削作用而产生的犁沟状的划痕已不明显，此时，凿削坑和裂纹扩展产生的破坏逐渐占主导地位。

当粒子垂直入射时，钢结构涂层所受的水平切削力消失，只受垂直于表面的挤压应力。同时当粒子垂直入射时，粒子的能量损耗较少，钢结构涂层表面受到巨大的冲击力，某些区域产生了比较明显的应力集中现象[11]，因此材料表面出现了冲蚀坑，坑的四周有材料被挤压突出。在高冲蚀角时，柔韧性决定了材料的耐冲蚀性能，由于试验中所用的钢结构涂层柔韧性较好，所以，高角度冲蚀时的耐冲蚀性能也较好。

由上述分析可知，在低角度冲蚀时，水平方向的微切削作用是钢结构涂层破坏的主要原因，硬度决定了钢结构涂层的耐冲蚀性能；在高角度冲蚀时，垂直方向的挤压变形作用是钢结构涂层破坏的主要原因，柔韧性决定了涂层的耐冲蚀性能。由于试验中钢结构涂层的硬度较低，柔韧性较好，故在高角度时涂层的耐冲蚀性能较好。

6.4.2　不同冲蚀速度条件对钢结构涂层冲蚀损伤机理影响

1. 冲蚀磨损试验条件

（1）沙粒粒径：0.05～0.25mm；

（2）试验温度：室温；

（3）冲蚀速度：13m/s，16m/s，18m/s，20m/s，23m/s，26m/s，30m/s；

（4）沙尘浓度：150g/min；

（5）冲蚀角度：15°，30°，45°，60°，75°，90°；

（6）冲蚀时间：12min；

（7）冲蚀试样：40mm×40mm 钢片喷涂奔腾铁红醇酸防锈漆和晨虹醇酸面漆。

2. 试验结果与机理分析

图 6-12（a）和（b）分别是钢结构涂层材料在冲蚀速度为 13m/s 和 30m/s，冲蚀角度为 30°，下沙率为 150g/min，冲蚀时间为 12min，钢结构涂层的冲蚀磨损形貌。由 6-12（a）可知，在低速冲蚀时，钢结构涂层表面产生很多浅而细小的犁沟状划痕，划痕方向性较为明显，这主要是由于低速冲蚀时材料表面受到的冲蚀磨损作用较弱。粒子以一定角度冲击钢结构涂层表面，在垂直分力的作用下，对材料表面产生挤压；在水平分力的作用下在材料表面滑移留下犁沟，最终形成一种此起彼伏的冲蚀磨损形貌。由于粒子的反复冲击，材料表面有一定的塑性变形。由图 6-12（b）可以看出，随着速度的增加，冲蚀磨损程度加剧，材料表面出现明显的顺着风沙流方向的切削沟槽，并且发生了较严重的塑性变形，受冲击的部分被挤到邻近区域，材料大量堆积，其边缘在冲击粒子的反复作用下，塑

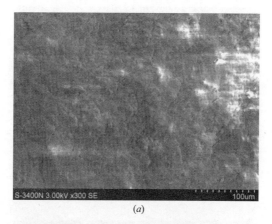

(a)

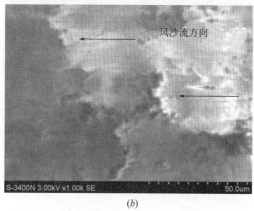

风沙流方向

(b)

图 6-12 钢结构涂层冲蚀磨损表面 SEM 形貌图

(a) 13m/s 时；(b) 30m/s 时

性耗尽，最终脱落[12]。由以上分析可知，冲蚀速度越大，粒子的动能越大，对材料造成的冲蚀磨损越严重。

6.4.3 不同沙尘浓度条件对钢结构涂层冲蚀损伤机理影响

1. 冲蚀磨损试验条件

（1）沙粒粒径：0.05～0.25mm；

（2）试验温度：室温；

（3）冲蚀速度：23m/s；

（4）沙尘浓度：90g/min，150g/min，240g/min，300g/min，360g/min；

（5）冲蚀角度：15°，30°，45°，60°，75°，90°；

（6）冲蚀时间：12min；

（7）冲蚀试样：40mm×40mm 钢片喷涂奔腾铁红醇酸防锈漆和晨虹醇酸面漆。

2. 试验结果与机理分析

当下沙率小于 300g/min 时随着下沙率的增加，钢结构涂层表面冲蚀磨损越来越严重，并且在 300g/min 时冲蚀损伤最为严重，当下沙继续增大，达到 360g/min 时，冲蚀磨损趋势减弱。如图 6-13（a）、（b）和（c）所示分别为下沙率 90g/min、300g/min 和 360g/

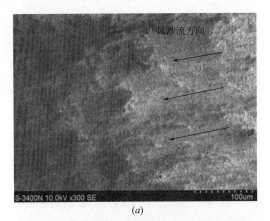

(a)

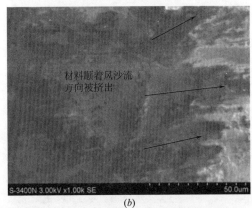

(b)

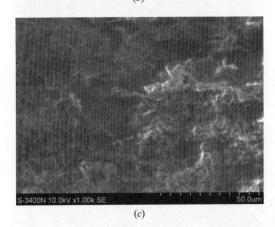

(c)

图 6-13　钢结构涂层冲蚀磨损表面 SEM 形貌图

（a）90g/min 时；（b）300g/min 时；（c）360g/min 时

min，v 为 23m/s，冲蚀角度为 45°，冲蚀时间为 12min 条件下的钢结构涂层冲蚀磨损形貌。由（a）、（b）图对比可见，下沙率较小时，粒子的能量较小，钢结构涂层表面出现了顺着粒子流方向的轻微切削痕迹；当下沙率逐渐提高，冲蚀程度加剧，钢结构涂层表面部分材料被挤出，形成了材料的堆积。当下沙率达到 360g/min 时，涂层表面没有明显的破坏方向，损伤程度有所减弱，这是因为浓度过高时，气流携沙能力相对低浓度时减弱，粒子在重力作用下沿着抛物线下降，沿直线到达试件上的粒子减少，导致有效作用于试件上的沙粒子量下降。当浓度很大时，粒子之间产生相互碰撞以及回弹，削弱了冲蚀涂层的动能，粒子冲蚀涂层的作用力减弱，材料流失相对较少，以致材料的冲蚀率下降[13]，因此钢结构涂层的冲蚀磨损程度降低。

6.5 钢结构涂层冲蚀磨损 LSCM 形貌及粗糙度分析

6.5.1 激光共聚焦显微镜在材料表征中的应用

激光共聚焦显微镜（LSCM）早期用于生物领域[14-15]，随着技术的不断改进，目前在材料研究领域也得到了广泛的应用，诸如材料、生物医学、摩擦学和机器状态监测等领域变得越来越重要[16]。已经成为介于光学显微镜和电子显微镜之间的微观测量手段。

对材料受磨损表面的观察仪器有体视显微镜、扫描电子显微镜，但这些仪器不具备表面形貌特征的数字化描述功能。对于磨损表面的粗糙度分析，常用的仪器有干涉仪和粗糙度仪，这些仪器不能对磨损表面三维形貌进行观察。而激光共聚焦显微镜结合了以上仪器的一些优点，同时具备磨损形貌观察以及数字化描述的功能，能方便、准确地对磨损表面形貌进行深入研究[17-18]。磨损是材料常见的表面失效现象，采用激光共聚焦显微镜，通过调节物镜倍率、测量视场和过滤参数等，能够得到材料磨损表面的真实形貌，同时能够对磨损表面三维形貌特征进行精确数字化描述。

磨损表面形貌直接反映材料的磨损、疲劳和腐蚀等特征行为，不同磨损过程后的磨损表面形貌差别很大，不同的摩擦表面状态也会影响摩擦副的性能，因此，磨损表面形貌是判定磨损机制最直接、最主要的判据[19]。表面特征的描述常常涉及精确测量、分析和特征解释，在表面信息获取方面已取得大量的研究成果，同时许多数字化的描述参数也已用来描述表面特征[20]。表面形貌的测量设备通常要求能得到准确的表面形貌数据以便能进行进一步的分析。使用激光共焦扫描显微镜，能方便、准确地对磨损表面真实形貌和三维形貌进行研究[21]。得到精确的三维形貌及高度数据后，即可用计算机辅助图像分析技术来计算磨损表面的表面粗糙度参数。表面粗糙度参数能以二维或三维形式计算，二维粗糙度参数根据表面轮廓线计算而得，三维表面粗糙度参数选取表面上的一个区域进行计算。本书中计算表面的三维粗糙度参数。表面粗糙度参数有几十个之多，下面列出的是 4 个最常用的表面粗糙度参数：表面平均粗糙度（S_a）、均方根（S_q）、表面斜度（S_{sk}）和表面峭度（S_{ku}）[22]。此外，常用的粗糙度评定参数还有轮廓算术平均偏差 R_a，微观不平度十点高度 R_z 以及均方根粗糙度 R_q 等[23]。

本书采用 OLS4100 激光共聚焦显微镜，通过调节物镜和测量视场等参数以及过滤参数，对磨损表面粗糙度特征进行精确描述，在此基础上对不同磨损形态的磨损表面形貌进行分析。

6.5.2 风沙流作用下钢结构涂层冲蚀磨损 LSCM 形貌

在相同的冲蚀速度 23m/s，沙流量 120g/min，冲蚀时间 10min 条件下，不同冲蚀角度下冲蚀三维形貌和真实形貌如图 6-14、图 6-15 所示。在冲蚀角度 45°时，由于斜角冲蚀，冲蚀粒子沿着和入射方向同一平面的相反方向反弹出去[18,24]，导致在冲蚀角度为 45°时冲蚀坑形貌呈椭圆形。当垂直冲蚀时，冲蚀粒子沿着冲蚀区域四周均匀反弹扩散，冲蚀坑形貌近似呈圆形。在 45°时的冲蚀坑深度大于 90°时的冲蚀坑深度（见表 6-1，最大冲蚀深度），这是由于在低角度较大切应力作用下导致涂层材料发生了更大的破坏，这个结果和一些学者的研究结果不同[25]。

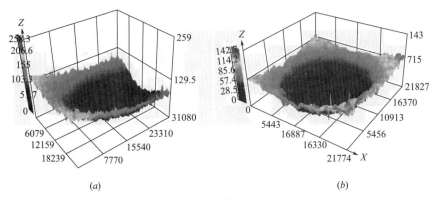

(a)　　　　　　　　　　　　　　(b)

图 6-14　不同冲蚀角度下的冲蚀三维行貌

（a）45°；（b）90°

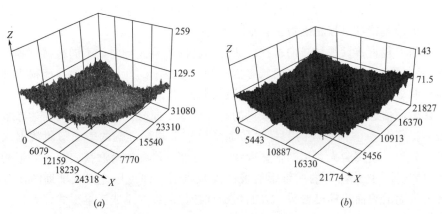

(a)　　　　　　　　　　　　　　(b)

图 6-15　不同冲蚀角度下的冲蚀真实行貌

（a）45°；（b）90°

　　图 6-16 所示是由图 6-14 沿不同方向剖切得到的二维轮廓，由图可知，在不同的冲蚀角度下，冲蚀坑深度及冲蚀坑剖面形状不同。在相同的冲蚀角度下，沿不同方向剖切的冲蚀轮廓也不同。图 6-16（a）是由图 6-14（a）沿 X 方向剖切得到的二维轮廓，由图可知，沿 X 方向的剖面轮廓大致呈 U 型，图 6-16（b）是沿 Y 方向的冲蚀轮廓，底面是一个斜面。图 6-16（c）、（d）是由图 6-14（b）沿 X 和 Y 方向剖切得到的二维轮廓，X 方向和 Y 方向的剖面轮廓几乎一样，都呈 U 型。和液固两相流冲蚀磨损不同，在气固两相流冲蚀试件表面时，由于静背压，气固两相流中气体的方向被改变，但是，沙粒子流保持初始的运动方向冲击试件表面，在试件表面形成了 U 型的冲蚀形貌[26]。当冲蚀角度增大时，冲蚀损伤区域减小。由图 6-16 还可以看出，45°时冲蚀轮廓粗糙度大于 90°时的。用激光共聚

焦显微镜测得冲蚀坑深度、面积和体积如表 6-1 所示。

冲蚀参数、冲蚀坑深度、面积和体积　　　　　　　　　　　　表 6-1

冲蚀参数		表面特征参数（冲蚀后）				
角度	速度(m·s^{-1})	深度(μm)	面积(μm^2)	表面积(μm^2)	体积(μm^3)	比表面积
45°	23	134.2041	4.62E+08	6.1E+08	1.58E+10	1.3214
90°	23	100.7474	2.7E+08	2.71E+08	1E+10	1.0035

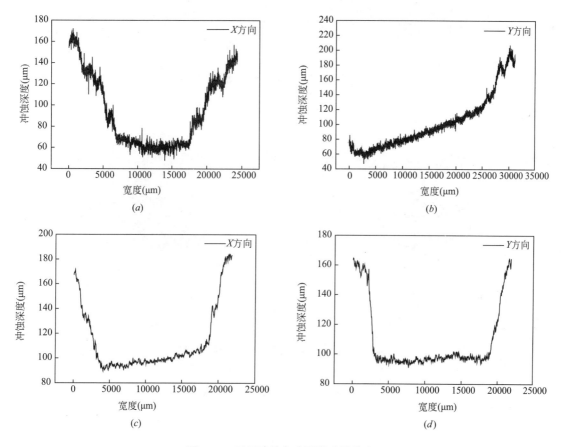

图 6-16　不同冲蚀角度下的冲蚀轮廓

(a) 45°，X 方向；(b) 45°，Y 方向；(c) 90°，X 方向；(d) 90°，Y 方向

在相同的冲蚀角度 45°，沙流量 120g/min，冲蚀时间 10min 条件下，不同冲蚀速度下冲蚀三维形貌和真实形貌如图 6-17、图 6-18 所示。在相同的冲蚀角度下，冲蚀坑形状几乎一样，都呈椭圆形状。在较小冲蚀速度 23m/s 冲蚀时，冲蚀坑深度比较浅，当冲蚀速度为 31m/s 时，冲蚀坑深度明显大于 23m/s（表 6-2）。这是由于当冲蚀速度较低时，冲蚀粒子的动能比较小，只有部分的冲蚀粒子有相对较大的冲蚀速度导致材料表面发生塑性变形。还有部分的冲蚀粒子所携带的能量比较小，低于涂层材料发生弹性变形的临界值。当冲蚀速度增大时，冲蚀粒子所携带较大的能量导致材料发生变形和去除。

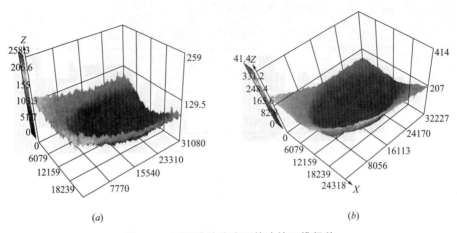

图 6-17　不同冲蚀速度下的冲蚀三维行貌

(*a*) 23m/s；(*b*) 31m/s

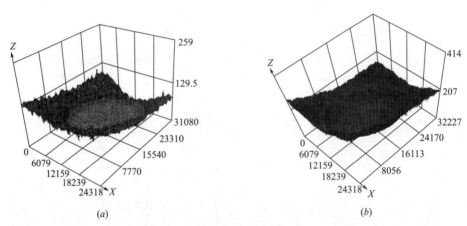

图 6-18　不同冲蚀速度下的冲蚀真实行貌

(*a*) 23m/s；(*b*) 31m/s

冲蚀参数、冲蚀坑深度、面积和体积　　　　　　　　　　表 6-2

冲蚀参数		表面特征参数（冲蚀后）				
角度	速度($m \cdot s^{-1}$)	深度(μm)	面积(μm^2)	表面积(μm^2)	体积(μm^3)	比表面积
45°	23	134.2041	4.62E+08	6.1E+08	1.58E+10	1.3214
45°	31	212.3329	4.73E+08	6.28E+08	2.56E+10	1.3279

　　图 6-19 所示是由图 6-17 沿不同方向剖切得到的二维轮廓，由图可知，在不同的冲蚀速度下，冲蚀坑剖面形状基本相同，而冲蚀坑剖面深度不同。在相同的冲蚀角度下，沿不同方向剖切的冲蚀轮廓也不同。图 6-19 (*a*) 是由图 6-17 (*a*) 沿 X 方向剖切得到的二维轮廓，由图可知，沿 X 方向的剖面轮廓大致呈 U 型，图 6-19 (*b*) 是沿 Y 方向的冲蚀轮廓，底面是一个斜面。

6.5.3　钢结构涂层受风沙冲蚀磨损表面粗糙度分析

　　粗糙度是数字化描述磨损表面形貌特征最常用的参数，最常用的粗糙度评定参数有表

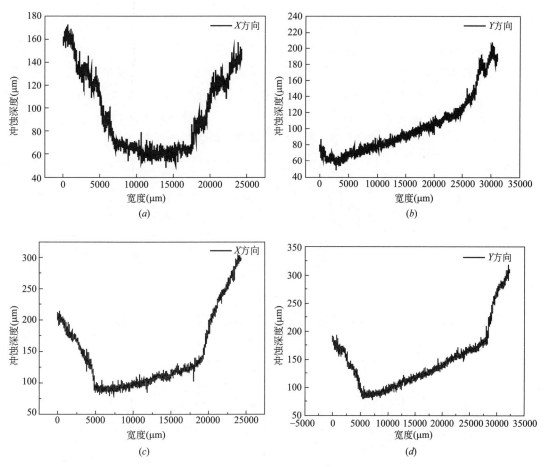

图 6-19 不同冲蚀速度下的冲蚀轮廓

（*a*）23m/s，*X* 方向；（*b*）23m/s，*Y* 方向；（*c*）31m/s，*X* 方向；（*d*）31m/s，*Y* 方向

面平均粗糙度 S_a、均方根 S_q、表面斜度 S_{sk}、表面峭度 $S_{ku}^{[18-24]}$。

$$S_a = \iint_a |Z(x, y)| \, dx \, dy \tag{6-1}$$

$$S_q = \sqrt{\iint_a (Z(x, y))^2 \, dx \, dy} \tag{6-2}$$

$$S_{sk} = \frac{1}{S_q^3} \iint_a (Z(x, y))^3 \, dx \, dy \tag{6-3}$$

式中，a 表示被测区域计算面积，$Z(x, y)$ 是在测量面积上的高度函数。

在不同冲蚀速度和冲蚀角度下 S_a、S_q、S_{sk}、S_{ku}（表 6-3）和对应的线粗糙度、冲蚀轮廓通过使用激光共聚焦显微镜被测量出来用于分析涂层的冲蚀损伤破坏。

由表 6-3 可知，在相同的冲蚀速度下，45°时 S_a 和 S_q 远大于 90°时的，这是由于在 90°时粒子在涂层表面形成的尖峰和山谷分布较均匀，导致 S_a 和 S_q 减小。在 45°和 90°时 S_{sk} 均大于 0，则表示涂层表面上有尖峰，表明此时尖峰的密度大于山谷的密度。随着冲蚀角度的增大，S_{ku} 增大，表明高度分布变窄。在相同的冲蚀角度 45°时，随着冲蚀速度的增大，S_a 和 S_q 几乎没有增大，S_{ku} 增大，表明高度分布变窄。相比于 90°，45°时涂层受冲蚀表面粗糙度大，涂层表面受到水平方向的有效切应力越大，在冲蚀磨损的情况下切应力会导致涂层形成切削划痕、犁沟，磨屑材料堆积严重，导致 S_a 和 S_q 较大。经过初期冲蚀在试件表面形成凹凸不平的峰谷，试件表面的粗糙度增大，使得冲蚀中后期粒子对凹凸不平的峰谷冲蚀磨损破坏严重，试件表面峰谷的形成和破坏导致冲蚀中后期冲蚀率增加[25-26]。在冲蚀速度 23m/s 时，45°时平均线粗糙度 R_a 和均方根 R_q 分别为 2.192μm 和 3.009μm，90°时 R_a 和 R_q 分别为 0.347μm 和 0.472μm。在冲蚀速度 31m/s，冲蚀角度 45°时，R_a 和 R_q 分别为 2.199μm 和 3.023μm。不同试验参数下涂层的线粗糙度如图 6-20 所示。

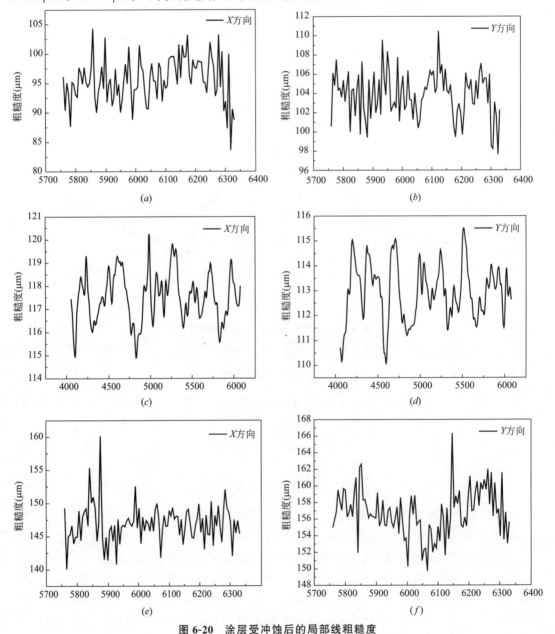

图 6-20　涂层受冲蚀后的局部线粗糙度

(a) 23m/s，45°X 方向；(b) 23m/s，45°Y 方向；(c) 23m/s，90°X 方向；(d) 23m/s，90°Y 方向；
(e) 31m/s，45°X 方向；(f) 31m/s，45°Y 方向

冲蚀参数		表面特征参数（冲蚀后）			
角度	速度（m/s）	$S_a(\mu m)$	$S_q(\mu m)$	S_{sk}	S_{ku}
45°	23	2.192	3.009	0.652	11.724
45°	31	2.199	3.023	0.589	21.153
90°	23	0.347	0.472	0.888	47.07

试件表面粗糙度特征参数　　　　　　　表 6-3

6.6 本章小结

在风沙流粒子冲蚀状态下，钢结构涂层的冲蚀磨损损伤机理主要表现为两个方面：当风沙流粒子低角度冲蚀涂层时，水平方向的切削作用起主导地位，钢结构涂层损伤由微切削作用和裂纹产生与扩展共同作用所致，此时钢结构涂层冲蚀磨损程度相对较高；而在高角度冲蚀条件下，钢结构涂层只受冲蚀疲劳变形作用，而不存在切削作用，其冲蚀磨损程度相对较低。这是由于在低角度冲蚀时，决定钢结构涂层耐冲蚀性能的主要因素是其硬度，而在高角度冲蚀时，决定钢结构涂层耐冲蚀性能主要因素是其柔韧性。钢结构涂层的硬度较低而柔韧性较高，故其在低角度冲蚀下的冲蚀磨损失重量要大于高角度的冲蚀磨损失重量。在实际风沙流冲蚀过程中，冲蚀切削作用和疲劳变形作用同时存在，并相互促进，致使钢结构涂层的冲蚀磨损程度加剧。

本章参考文献

[1]　Henderson R E，Hennecke D K. Erosion corrosion and foreign object damage effects in gas turbines [R]. ADA289820，1998.

[2]　Divakar M，Agaiwal V K，Singh S N. Effect of the material surface hardness on the erosion of AISI316 [J]. Wear，2005，259：110-117.

[3]　Wei R H，Edward L，Christopher R. Deposition of thick nitrides and carbonitrides for sand erosion protection [J]. Surface and Coatings Technology，2006，201：4453-4459.

[4]　李诗卓，董详林. 材料的冲蚀磨损与微动磨损 [M]. 北京：机械工业出版社，1987.

[5]　Shook C A，Roco M C. Slurry flow principle and practice [J]. Butterworth-Heinemann，1991，155-180.

[6]　尹延国，胡献国，崔德密. 水工混凝土冲蚀磨损行为与机理研究 [J]. 水力发电学报，2001，75（4）：57-63.

[7]　尹延国，胡献国，崔德密. 水工混凝土小角度冲蚀磨损特性的研究. 摩擦学学报，2001，21（2）：126-130.

[8]　桑可正，李飞舟. 无压浸渗 SiC/Al 复合材料的摩擦磨损性能研究 [J]. 摩擦学学报，2007，27（3）：230-234.

[9]　钟萍，彭恩. 高聚氨酯涂层冲蚀磨损性能研究 [J]. 摩擦学学报，2007，27（5）：447-450.

[10]　温诗铸. 材料磨损研究的进展与思考 [J]. 摩擦学学报，2008，28（1）：1-5.

[11]　冯艳玲，魏琪，李辉等. 高温冲蚀磨损测试方法及机理的研究概述 [J]. 锅炉技术. 2008，39（4）：63-65.

[12]　Noriyuki，Hayashi，et al. Development of new testing method by centrifugal erosion tester at elevated

temperature [J]. Wear. 2005，(258)：443- 457.

[13]　Yerramareddy S，Bahadur S. Effect of operational variables microstructure and mechanical properties on the erosion of Ti6Al4V [J]. Wear. 1991，142 (2)：253-263.

[14]　付东翔，陈家璧，马军山等. 双波长激光共聚焦生物芯片检测与图像处理 [J]. 中国激光，2006，33 (8)：1097-1103.

[15]　邢达，周俊初，于彦华等. 利用激光共聚焦扫描显微镜的绿色荧光蛋白荧光成像 [J]. 光学学报，1999，19 (10)：1439-1440.

[16]　Jiang X Q，Blunt L，Stout K J. Development of a lifting wave let representation for surface characterization [J]. Proc R Soc Lon A，2000，456：2283-2313.

[17]　Hanlon D N，Todd I，Peekstok E et al. The application of laser scanning confocal microscopy to tribological research [J]. Wear，2001，251 (1)：1159-1168.

[18]　袁成清，严新平，彭中笑. 基于激光共焦扫描显微镜方法的磨损表面三维数字化描述 [J]. 润滑与密封，2006，(12)：33-36.

[19]　廖乾初，蓝芬兰. 扫描电镜分析技术与应用/材料耐磨抗蚀及其表面技术丛书 [M]. 北京：机械工业出版社，1990，222-224.

[20]　Gadelmawla E S，Koura M M，Maksoud T M A，et al. Roughness parameters [J]. Journal of Materials Processing Technology，2002，123：133-145.

[21]　Hanlon D N，Todd I，Peekstok E，et al. The application of laser scanning confocal microscopy to tribological research [J]. Wear，2001，251 (1/12)：1159-1168.

[22]　Scanning Probe Image Processor (SPIP) Software [M]. Image Metrology ApS Denmark，2000.

[23]　GB/T 1031-1995，表面粗糙度参数及其数值 [S]. 1995.

[24]　袁成清，李健，严新平. 摩擦学测试技术及其发展 [J]. 摩擦学学报，2002，22 (4)：447-450.

[25]　Kumar R K，Seetharamu S，Kamaraj M. Quantitative evaluation of 3d surface roughness parameters during cavitation exposure of 16cr – 5ni hydro turbine steel [J]. Wear，2014，320：16-24.

[26]　冀盛亚，孙乐民，上官宝，等. 表面粗糙度对黄铜/铬青铜摩擦副载流摩擦磨损性能影响的研究 [J]. 润滑与密封，2009，34 (1)：29-31.

第 **7** 章
钢结构涂层受风沙环境冲蚀磨损损伤程度评价

在评价风沙作用对钢结构涂层材料的冲蚀磨损程度时，需考虑冲蚀磨损的内因和外因两大类因素的影响。内因主要指钢结构涂层材料的物理和力学性能；外因是风沙环境的冲蚀力学参数。研究它们之间的关系，可以对风沙环境所造成的损伤进行定性定量的分析与评价，以此可以对其进行有效的防护。本章在分析试验数据的基础上，提出了适用于风沙环境下该钢结构涂层损伤程度的评价方法。

7.1　材料冲蚀磨损损伤程度的评价方法及研究进展

1. Finnie 评价公式

Finnie 根据关于刚性粒子低角度冲蚀塑性材料的冲蚀微切削理论[1-3]，提出了关于冲蚀磨损程度的计算公式（7-1）：

$$V = \frac{cM}{P}f(\alpha)v^n (n = 2.2 \sim 2.4) \tag{7-1}$$

式中　V——材料流失的体积；

　　　M——固体粒子质量；

　　　v——冲蚀速度；

　　　α——冲蚀角度；

　　　P——弹性流体压力；

　　　c——粒子分数。

2. Bitter 评价公式

Bitter[4-5] 根据冲蚀变形损伤理论，以及冲蚀过程中的能量变化，提出了适合沙尘环境下的冲蚀磨损程度的评价公式，但是由于该公式中包含了较多的参数，很难测定。Wood[6] 做了一些假设来简化该公式，得出了冲蚀磨损量表达式（7-2）：

$$W_t = W_d + W_c$$

$$W_t = \left[\frac{\frac{1}{2}M(v\sin\alpha)^2}{\varepsilon} \right]\frac{\gamma}{g} + \left[\frac{\frac{1}{2}M(v\cos\alpha)^2}{\rho} \right]\frac{\gamma}{g} \tag{7-2}$$

式中　W_t——冲蚀磨损总失重量，单位：g；

　　　W_d——变形磨损量，单位：g；

　　　W_c——切削磨损量，单位：g；

　　　M——冲蚀有效沙尘量，单位：g；

　　　v——冲蚀速度，单位：m/s；

　　　α——冲蚀角度，单位：°；

　　　γ——被冲蚀材料的密度，单位：g/cm^3；

　　　g——重力加速度，单位：cm/s^2；

　　　ε——变形能量值，单位：$(g \cdot cm)/cm^3$；

　　　ρ——切削能量值，单位：$(g \cdot cm)/cm^3$。

3. Neilson 和 Gilchrist 评价公式

Neilson 和 Gilchrist[7] 在 Bitter 公式的基础上，做了进一步简化，得出表达式（7-3）：

$$W_t = W_c + W_d$$

$$W_t = \left[\frac{\frac{1}{2} M_s (v_s \cos\alpha)^2 \sin(n\alpha)}{\phi} \right] + \left[\frac{\frac{1}{2} M_s (v_s \sin\alpha - v_{cr})^2}{\varepsilon} \right] (0 < \alpha \leqslant \alpha_0) \quad （7\text{-}3a）$$

$$W_t = \left[\frac{\frac{1}{2} M_s (v_s \cos\alpha)^2}{\phi} \right] + \left[\frac{\frac{1}{2} M_s (v_s \sin\alpha - v_{cr})^2}{\varepsilon} \right] (\alpha_0 < \alpha \leqslant \frac{\pi}{2}) \quad （7\text{-}3b）$$

式中　W_t、W_d、W_c、M_s、v、α 物理意义与（7-2）式相同，其他参数如下：

　　　v_{cr}——无磨蚀的垂直速度临界值，单位：m/s；

　　　α_0——区分两种磨蚀情况的临界冲角，单位：°；

　　　n——水平回弹率因素（当 $\alpha = \alpha_0$ 时，$\sin(n\alpha_0) = 1$，则有 $n = \pi/2\alpha_0$），无量纲；

　　　φ——微切削因数，单位：m^2/s^2；

　　　ε——冲击变形因数，单位：m^2/s^2。

对于不同材料，γ_{cr}，h，φ，ε 具有不同的数值。Neilson 和 Gilchrist 对 Bitter 评价公式的简化结果给出了微切削冲蚀磨损与变形冲蚀磨损的复合作用较为简单而清晰的描述。已有试验结果表明混凝土冲蚀磨损规律符合复合磨粒冲蚀磨损能量理论[8-9]，因而冲蚀磨损量可按微切削冲蚀磨损和冲蚀变形冲蚀磨损两部分叠加计算。

7.2　钢结构涂层冲蚀磨损损伤程度的评价方法及其评价计算公式

风沙流粒子对钢结构涂层的冲蚀磨损属于复合磨粒的冲蚀磨损，主要有两种方式：一是由于风沙流粒子的冲蚀切削特性对涂层造成的冲蚀磨损量，称之为切削冲蚀磨损失重量 M_c，它是风沙流粒子切向冲蚀速度的函数；二是由于风沙流粒子冲蚀造成涂层表面塑性变形、硬化和破裂而形成的冲蚀磨损失重量，称之为变形冲蚀磨损失重量 M_d，它是风沙流粒子法向冲蚀速度的函数。在实际风沙流冲蚀过程中，这两种冲蚀磨损同时发生，这两种冲蚀磨损失重量之和称为总冲蚀磨损失重量 M。

由于钢结构涂层受沙粒冲蚀属于复合磨粒的冲蚀磨损，故可用复合磨粒冲蚀磨损理论描述。本文在 Bitter、Neilson 和 Gilchrist 近似估算公式的基础上，根据风沙环境和钢结构涂层特征，对以上公式作进一步修改和简化，提出一种针对风沙冲蚀作用下钢结构涂层冲蚀磨损程度的评价方法及评价计算公式：

$$M = M_c + M_d$$

$$M = \left[\frac{\frac{1}{2}M_s(V\cos\alpha)^2\sin(n\alpha)}{\psi}\right] + \left[\frac{\frac{1}{2}M_s(V\sin\alpha)^2}{\eta}\right] \quad (0 < \alpha \leqslant \alpha_0)$$

$$M = \left[\frac{\frac{1}{2}M_s(V\cos\alpha)^2}{\psi}\right] + \left[\frac{\frac{1}{2}M_s(V\sin\alpha)^2}{\eta}\right] \quad (\alpha_0 < \alpha \leqslant \frac{\pi}{2}) \qquad (7\text{-}4)$$

式中　M ——涂层总冲蚀磨损失重量，单位：g；

M_c ——涂层切削冲蚀磨损失重量，单位：g；

M_d ——涂层变形冲蚀磨损失重量，单位：g；

M_s ——冲蚀有效沙尘质量，单位：g；

V ——风沙流冲蚀速度，单位：m/s；

α ——风沙流冲蚀角度，单位：°；

α_0 ——区分两种冲蚀磨损情况的冲蚀临界角，$\alpha_0 = \pi/2n$，单位：°；

n ——水平回弹率因素［当 $\alpha = \alpha_0$ 时，$\sin(n\alpha_0) = 1$，则有 $n = \pi/2\alpha_0$］；

ψ ——切削磨蚀能耗因数，单位：m^2/s^2；

η ——冲蚀变形磨蚀能耗因数，单位：m^2/s^2。

式（7-4）中，当根据风沙环境和钢结构涂层特征将 n、ψ、η 三个特性参数确定后，该式可用来评价钢结构涂层受风沙冲蚀磨损情况。

由于上述公式中的水平回弹率因素 n、切削磨蚀能耗因数 ψ 和冲蚀变形磨蚀能耗因数 η 是与风沙环境特征和钢结构涂层材料性能相关的参数，由于影响因数多，准确测量计算较困难。本文采用在分析试验数据的基础上，通过拟合，回归分析得出 n、ψ、η 值。

试验数据得到是涂层的总冲蚀磨损失重量，无法区分在各种冲蚀角度下切削冲蚀磨损失重量和变形冲蚀磨损失重量所占的比例。但当冲蚀角 $\alpha = 90°$ 时，涂层的切削冲蚀磨损失重量为零，此时总冲蚀磨损失重量等于变形冲蚀磨损失重量，可以确定参数 $\eta \approx 2.966 \times 10^6\,m^2/s^2$，再利用各冲蚀角度试验数值拟合，回归分析得 $n \approx 1.385$ 和 $\psi \approx 6.524 \times 10^5\,m^2/s^2$，此时区分两种冲蚀磨损的冲蚀临界角 $\alpha_0 \approx 65°$。

图 7-1 是钢结构涂层在冲蚀时间为 10min，下沙率 $M_s = 90g/min$，冲蚀速度为 23m/s 的风沙冲蚀条件下，将拟合回归分析得到参数 n、ψ 和 η 值代入评价公式（7-4）得到的理论计算值与试验数据对比。由图可知，由评价计算公式（7-4）的分析结果基本与试验结果相吻合。

图 7-2 是上述试验条件下，由评价计算公式（7-4）分析计算得到涂层的切削冲蚀磨损失重量、变形冲蚀磨损失重量和总冲蚀磨损失重量的关系。通过评价公式（7-4）及图 7-2 可以清晰得到切削冲蚀磨损失重量、变形冲蚀磨损失重量和总冲蚀磨损失重量的分布规律

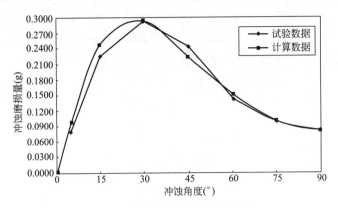

图 7-1　试验数据与计算数据对比

及其在不同冲蚀速度下的比例关系。

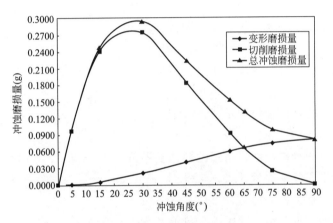

图 7-2　涂层冲蚀磨损失重量

　　涂层的总冲蚀磨损失重量＝变形冲蚀磨损失重量＋切削冲蚀磨损失重量。由图 7-2 可以看出，涂层的切削冲蚀磨损失重量和总冲蚀磨损失重量对冲蚀角度有较大的敏感性，两者的变化趋势基本一致，在冲蚀角度 $\alpha = 30°$ 时，冲蚀磨损失重量都达到了最大值；而变形冲蚀磨损失重量的变化趋势不同于前两者，其随着冲蚀角度的增加而增加，基本呈线性关系。

　　另由图可知，在冲蚀角度较小（$\alpha \leqslant 30°$）时，变形冲蚀磨损失重量很小，切削冲蚀磨损失重量较大，此时涂层材料的总冲蚀磨损失重量几乎都为切削冲蚀磨损失重量，这是由于在小角度冲蚀时，冲蚀作用主要为切削作用力，材料的耐磨性主要取决于其硬度，而涂层的硬度较小，故此时主要为切削冲蚀磨损失重量。随着冲蚀角度的增大，切削作用力减小，而冲蚀变形作用增加，故此时切削冲蚀磨损失重量减小，而变形冲蚀磨损失重量增加，两者约在冲蚀角 $\alpha = 65°$ 时达到了相同的冲蚀失重量，此时 α 为区分两种冲蚀磨损的冲蚀临界角。在 $\alpha = 90°$ 时切削冲蚀磨损失重量为零，变形冲蚀磨损失重量达到最大值。

　　对于总冲蚀磨损失重量变化趋势，随着冲蚀角度增大，切削冲蚀磨损失重量下降大，而变形冲蚀磨损失重量增加较缓，故总冲蚀磨损失重量在 30°～90° 段的变化趋势同切削冲蚀磨损失重量一样，都处于下降段，并在 $\alpha = 90°$ 时下降到最小值，总冲蚀磨损失重量全为变形冲蚀磨损失重量。这是由于在冲蚀角 $\alpha = 90°$ 时，涂层只受冲蚀变形作用，而切削作用力为零，此时材料的耐磨性主要取决于其韧性，而涂层的柔韧性相对较大，故此时变形冲蚀磨损失重量达到最小。这与前面试验结果相符合。

7.3 钢结构涂层冲蚀磨损损伤程度评价的实例分析

利用前文导出的冲蚀磨损程度评价计算公式（7-4）分析计算钢结构涂层在不同冲蚀条件下的冲蚀磨损失重量，并把计算结果与试验数据进行分析比较，进一步验证利用评价计算公式进行涂层的冲蚀磨损失重量分析计算的可行性与可靠性。

已知条件：冲蚀角范围为 $\alpha = 0° \sim 90°$，冲蚀速度范围：$v = 9 \sim 35\mathrm{m/s}$，冲蚀时间 10min，下沙量为 $90\mathrm{g/min}$（有效冲蚀沙量 $m = 900\mathrm{g}$），涂层密度 $\gamma = 1.7\mathrm{g/cm^3}$，$g = 980\mathrm{cm/s^2}$，$n = 1.385$，能耗因数 $\eta = 2.966 \times 10^6 \mathrm{m^2/s^2}$、$\psi = 6.524 \times 10^5 \mathrm{m^2/s^2}$。

1. 冲蚀角为 30° 时冲蚀磨损失重量与冲蚀速度的关系

（1）评价计算公式分析结果：图 7-3 是当冲蚀角度 $\alpha = 30°$ 时，由评价计算公式（7-4）分析得到涂层冲蚀磨损失重量（总冲蚀磨损失重量＝变形磨损量＋切削磨损量）随着冲蚀速度的变化关系。

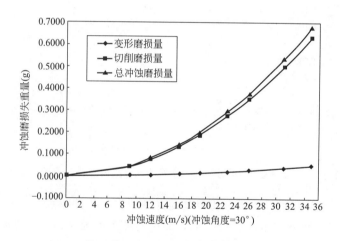

图 7-3 冲蚀角度为 30° 时钢结构涂层冲蚀磨损失重量与冲蚀速度关系

由图可以看出，涂层的变形冲蚀磨损失重量、切削冲蚀磨损失重量和总冲蚀磨损失重量随冲蚀速度的增加而增加。在低角度冲蚀状态下，切削冲蚀磨损失重量和总冲蚀磨损失重量对冲蚀速度的敏感性要比变形磨损量大得多，切削冲蚀磨损失重量和总冲蚀磨损失重量的变化趋势基本一致，都呈指数型变化规律，变形冲蚀磨损失重量呈线性变化规律。另由图可知，在冲蚀角度较小（$\alpha \leqslant 30°$）时，变形冲蚀磨损失重量很小，切削冲蚀磨损失重量较大，此时涂层材料的总冲蚀磨损失重量几乎都为切削冲蚀磨损失重量。

（2）试验数据与计算数据的对比：图 7-4 为冲蚀角度 $\alpha = 30°$ 时，涂层冲蚀磨损失重量与冲蚀速度关系的试验数据与计算数据对比。由图可知，由评价计算公式（7-4）的分析结果基本与试验结果相吻合，说明利用评价计算公式进行冲蚀磨损失重量分析的可行性与可靠性。

2. 冲蚀角为 90° 时冲蚀磨损失重量与冲蚀速度的关系

（1）评价计算公式分析结果：图 7-5 是在冲蚀角度 $\alpha = 90°$ 的条件下，由评价计算公式

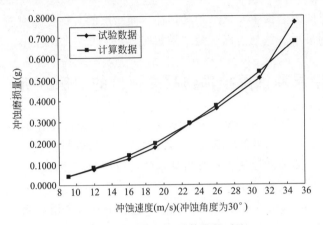

图 7-4　试验数据与计算数据对比

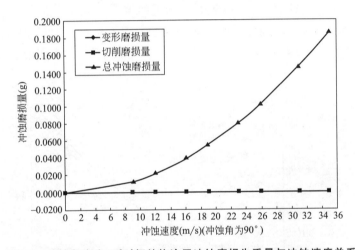

图 7-5　冲蚀角度为 90°时钢结构涂层冲蚀磨损失重量与冲蚀速度关系

(7-4) 分析计算得到涂层冲蚀磨损失重量随着冲蚀速度变化的关系。

由图可以看出，在冲蚀角度 $\alpha = 90°$ 时，涂层的切削磨损量为零，总冲蚀磨损失重量等于变形磨损量。其随着冲蚀角度的增加而增加，基本呈指数型关系。

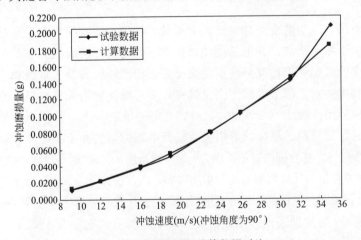

图 7-6　试验数据与计算数据对比

（2）试验数据与计算数据的对比分析：图 7-6 为冲蚀角度 $\alpha=90°$ 时，涂层冲蚀磨损失重量与冲蚀速度关系的试验数据与计算数据对比曲线图。由图可知，由评价计算公式（7-4）的分析结果基本与试验结果相吻合，说明用评价公式进行冲蚀磨损失重量分析的可行性与可靠性。

7.4 本章小结

本章提出了一种评价钢结构涂层受风沙流粒子冲蚀磨损损伤程度的评价方法和相应评价计算公式，利用该评价计算公式分析了涂层总冲蚀磨损失重量与切削冲蚀磨损失重量、变形冲蚀磨损失重量的分布规律及其在不同冲蚀速度下的比例关系。并把评价计算公式的计算结果与试验结果进行了对比分析，证实了评价计算公式的可行性和可靠性。

本章参考文献

[1] Finnie I. Erosion of surfaces by solid particles [J]. Wear，1960（3）：87-103.

[2] Finnie I. Wolak J，Kabil Y. Erosion of metals by solid particles [J]. Journal of Muteriuls；1967（2）：687-700.

[3] Finnie I. Some reflection on the past and future of erosion [J]. Wear，1995（186-187）：1-10.

[4] Bitter J G A. A study of erosion phenomena（part I）[J]. Wear，1963.6（1）：5-21.

[5] Bitter J G A. A study of erosion phenomena（Part II）[J]. Wear，1963.6（3）：169-190.

[6] Charles D W. Erosion of metals by the high speed impact of dust particles [A]. Annual Technical Meeting Proceeding Institute of Environmental Sciences [C]. 1966，3：55.

[7] Neilson J H，Gilchrist A. Erosion by a stream of solid particles [J]. Wear，1968，11：111.

[8] 白福来，李亚杰，傅智. 高速挟沙水流对水工建筑物的磨损机理及估算 [J]. 人民黄河，1987，（1）：21-24.

[9] 李亚杰. 水工建筑物沙粒磨损估算方法 [J]. 水利学报，1989，（7）：62-68.

第 8 章
钢结构涂层的摩擦学性能分析

本章进行了静力条件下钢结构涂层的动、静摩擦系数测试和耐磨性测试，提出了涂层摩擦性能的综合评价，并在钢结构涂层冲蚀率的定量预估模型基础上进行了冲击摩擦系数的分析。

8.1 摩擦学的基本概念

摩擦副是由两个相互接触的物体产生摩擦所组成的一个摩擦体系。摩擦副存在的最终结果是产生了摩擦效应。自然界中，摩擦可以分为两大类，即静摩擦和动摩擦。静摩擦只有相对运动趋势，而没有相对运动；动摩擦具有相对运动，因此动摩擦又可分为滑动摩擦和滚动摩擦。

摩擦导致磨损，最终使摩擦面产生各种形式的损伤和破坏，因此摩擦的类型也就不尽相同。根据不同的磨损机理，磨损可以分为四类：磨粒磨损、粘着磨损、疲劳磨损和腐蚀磨损。而磨损过程根据磨损量随时间的变化差异可以分为三个阶段：磨合磨损阶段、稳定磨损阶段和剧烈磨损阶段。

8.2 钢结构涂层的摩擦性能分析

涂层的摩擦性能试验主要包括：涂层的动、静摩擦系数和耐磨性测试。

8.2.1 涂层动、静摩擦系数的测试

根据库仑定律：

$$F = fw \tag{8-1}$$

式中　F——摩擦力；

　　　f——摩擦系数；

　　　w——为正压力。

摩擦系数为系统特性，受到摩擦过程中各种因素的影响。因此，测定摩擦系数的准确值和预估其影响因素是比较困难的。涂层的摩擦系数按照《塑料薄膜和薄片摩擦系数测定方法》在 MXD-02 型摩擦系数测试仪上进行测定，试验仪器如图 8-1 所示。

图 8-1　摩擦系数仪

试样尺寸为 63mm×63mm×0.5mm，摩擦副为 45♯钢板。摩擦条件为干摩擦，法向力为 1.96±0.02N，两试样表面以 100±10mm/min 的速度相对移动。测试温度 23±2℃。

试验时，出现的第一个峰值为静摩擦力，两试样相对移动 6cm 内的力的平均值（不包括静摩擦力）为动摩擦力。

测试结果显示：涂层的动摩擦系数为 0.37，静摩擦系数为 0.42。

8.2.2　钢结构涂层的耐磨性测试

耐磨性是衡量材料抵抗磨损的一个性能指标，采用 Taber 试验仪（型号 FR-1907 Taber 磨耗机），如图 8-2 所示，测定钢结构涂层的耐磨性能。测量条件：采用 CS17 型橡胶砂轮，转盘转速 60r/min，加压负荷为 7.5N，转数为 1000r。磨损量为试验前后的质量差，由分析天平精确测量，精度为 0.1mg。

试验测得的钢结构涂层耐磨的 Taber 指数为 $81.9×10^{-3}$ mg/r。

8.2.3　钢结构涂层的摩擦性能综合评价

钢结构涂层柔韧性较好，属于软质涂层，涂层与基材之间的结合强度较低，剪切强度较低，遭受冲击摩擦时易造成剪切破坏。涂层硬度为 B 级，硬度较低，涂层颗粒较软，结构致密度低，在磨损时，涂层只受到摩擦力和不变

图 8-2　Taber 试验仪

荷载的作用，由于涂层的摩擦系数处于 0.37～0.42 之间，在同等条件下涂层受到的摩擦力较大，涂层刚开始磨损时，平整的表面经受磨损使得表面变得粗糙，这样在后续的摩擦力和不变荷载的作用下，涂层更容易变形和脱落，此时的涂层的耐磨性能变差，涂层磨损的 Taber 指数为 $81.9×10^{-3}$ mg/r，高于《喷涂聚脲防护材料》HG/T 3831—2006 标准的规定（$≤80×10^{-3}$ mg/r），磨损率较大，因此，涂层的耐磨性较差。

8.3　沙粒子对钢结构涂层表面的冲击摩擦研究

8.3.1　冲击摩擦系数

冲蚀是与材料特性及接触状态有关的动态过程，冲击过程中的冲击摩擦系数反映了材料冲蚀的摩擦学特性。冲击摩擦系数为接触面切向冲量与法向冲量之比，具有静摩擦特征，并用式（8-2）表示：

$$f = \int_0^t F \, \mathrm{d}t \Big/ \int_0^t N \, \mathrm{d}t \tag{8-2}$$

式中　F、N——接触面切向与法向动力。

　　　　t——冲击接触时间。

8.3.2　涂层冲蚀率的摩擦学定量预估模型

郭源君[1] 等提出了的涂层表面材料流失的定量预估模型：

$$\varepsilon = 3\rho_c \varepsilon_1 / 4\pi r^3 \rho_l \tag{8-3}$$

$$\varepsilon_1 = \frac{8\sqrt{2}\, r^3}{3(\pi\sigma_0)^\beta} \left(\frac{E}{1-\mu^2} \right) \frac{4\beta - 5}{5} \left[\frac{2}{5+\beta} - \frac{1}{10+\beta} - \frac{1}{4(15+\beta)} \right]$$

$$(\mathrm{ctg}\alpha_0 - f)(4f)^\beta \left[\frac{5}{4}\pi\rho_l V_0^2 \sin^2\alpha_0 \right] \frac{5+\beta}{5} \tag{8-4}$$

式中　ε——涂层冲蚀率；

　　　ε_1——单个粒子对磨损体积的贡献；

　　　r——粒子半径；

　　ρ_c，ρ_l——涂层材料与粒子密度；

　　E，μ——涂层材料的弹性模量及泊松比；

　　σ_0，β——涂层材料的冲蚀特性参数；

　V_0，α_0——粒子的初始入射速度及入射角；

　　　f——冲击摩擦系数。

从上式可以看出，材料冲蚀损伤与材料和粒子的力学性能、冲蚀特性以及冲击摩擦系数等有关系。

8.3.3　钢结构涂层的冲击摩擦系数分析

根据冲蚀率的定量预估模型，建立钢结构涂层模型，根据冲蚀试验中的冲蚀率，推导钢结构涂层的冲蚀摩擦系数的变化规律。

1. 钢结构涂层的沙粒子冲击模型

图 8-3 为粒子受力简图，由于沙粒微小，平均粒径在 0.3mm 左右，可将风沙粒子简化为刚体，接触后粒子在质心速度方向的平面内运动，粒子中心运动只受接触面法向与切向力控制。

2. 模型中粒子冲蚀参数

沙粒子平均直径为 $300\mu m$，密度 $2.7 \mathrm{g/cm^3}$，泊松比 0.25。涂层密度 $2.0 \mathrm{g/cm^3}$，弹性模量

16MPa，泊松比 0.45，硬度 2.3MPa，涂层材料的冲蚀疲劳极限应力大约为 2MPa（取涂层的屈服极限）。由于速度与冲蚀率的拟合指数处于 2.39～2.43 之间，因此在计算冲击摩擦系数时可认为指数为速度与冲蚀率的关系指数为 2.4，由式（8-4）可知，冲蚀特性参数 β 取为 1。

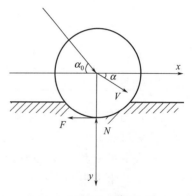

图 8-3　粒子受力简图

3. 冲击摩擦系数随冲蚀速度的变化

表 8-1 和表 8-2 是下沙率为 150g/min，冲蚀角度为 45°和 30°时不同冲蚀速度下对应的冲击摩擦系数，由表 8-3 可知，45°时，冲击摩擦系数处于 0.22～0.33 范围内，平均值为 0.29，冲击摩擦系数以 0.29 为基准上下波动，离散性较大；由表 8-2 可知，30°时，冲击摩擦系数处于 0.24～0.37 范围内，平均值为 0.32，冲击摩擦系数以 0.32 为基准上下波动，离散性较大。两种情况下的冲击摩擦系数比通常意义下的摩擦系数要小。此外，由表中数据可知，30°下的冲击摩擦系数要大于 45°下的冲击摩擦系数。

45°时风沙流速度 V 所对应的所对应的冲击摩擦系数 f　　　　　表 8-1

V (m/s)	13	16	18	20	23	26	30
ε（试验值 mg/g）	0.040	0.051	0.089	0.106	0.16	0.2	0.252
f（计算值）	0.33	0.22	0.33	0.28	0.33	0.29	0.24

注：式（8-3）中冲蚀率的计算单位为 mg/kg。

30°时风沙流速度 V 所对应的所对应的冲击摩擦系数 f　　　　　表 8-2

V (m/s)	13	16	18	20	23	26	30
ε（试验值 mg/g）	0.039	0.047	0.088	0.099	0.141	0.19	0.223
f（计算值）	0.37	0.24	0.37	0.31	0.35	0.32	0.25

综上，冲击摩擦系数随速度并没有固定的变化规律，这可能是由于不同速度时，冲蚀的系统特性不相同所造成的。

4. 冲击摩擦系数随冲蚀角度的变化

表 8-3 和表 8-4 是在下沙率分别为 150g/min 和 240g/min，冲蚀速度为 20m/s 时，不同冲蚀角度对应的冲击摩擦系数。由表可知，冲击摩擦系数随冲蚀角度呈降低趋势，在 30°时冲击摩擦系数最大，这主要是由于在低角度 30°时，切向动力达到最大，而法向动力最小，由式（8-2）可知，此时的冲击摩擦系数最大；随着角度的不断增大，粒子冲蚀涂层的切向动力逐渐减小，法向动力不断增大，因而冲击摩擦系数随角度增长呈降低趋势。

下沙率 150g/min 时不同冲蚀角度对应的冲击摩擦系数 f　　　　　表 8-3

角度 (°)	30	45	60	75
ε（试验值 mg/g）	0.099	0.106	0.048	0.016
f（计算值）	0.31	0.28	0.13	0.07

下沙率 240g/min 时不同角度所对应的冲击摩擦系数 f 　　　表 8-4

角度(°)	30	45	60	75
ε（试验值 mg/g）	0.108	0.116	0.063	0.020
f（计算值）	0.35	0.34	0.21	0.14

此外，由表可知，冲击摩擦系数与冲蚀率随角度的变化并不一致，当 $\alpha_0 < 45°$ 时，冲击摩擦系数减小而冲蚀率增大，当 $\alpha_0 \geqslant 45°$ 时，冲击摩擦系数减小冲蚀率也随之减小。

对比表 8-3 和表 8-4，下沙率为 240g/min 时的冲击摩擦系数较下沙率为 150g/min 时大；事实上，上文中所计算的冲击摩擦系数是"平均冲击摩擦系数"，下沙率大时，同一时刻冲击到涂层表面的沙粒子较多，冲击摩擦次数也较多，因而平均冲击摩擦系数较大，反之则较小。

由于冲击摩擦系数受接触点生长、冲击荷载、粒子滑动速度以及温度效应等因素的影响，直接研究冲击摩擦系数有一定的难度，本文借助冲蚀试验，从宏观上对冲击摩擦系数进行分析，其结果可为工程实际提供参考。

8.4　本章小结

本章通过试验研究和理论分析了钢结构涂层在静力条件下的摩擦性能，和动力冲击条件下的摩擦性能，主要得出以下几方面结论：

(1) 钢结构涂层的动摩擦系数为 0.37，静摩擦系数为 0.42。涂层耐磨的 Taber 指数为 81.9×10^{-3} mg/r。

(2) 在摩擦力和不变荷载的作用下，钢结构涂层更容易变形和脱落，钢结构涂层的耐磨性能差。

(3) 45°时，冲击摩擦系数在 0.22～0.33 范围内波动，30°时，冲击摩擦系数在 0.24～0.37 范围内波动，30°时的冲击摩擦系数大于 45°时的冲击摩擦系数，两种情况下，冲击摩擦系数离散性较大。

(4) 冲击摩擦系数随冲蚀角度呈降低趋势，在 30°时冲击摩擦系数最大；由于随着角度的不断增大，粒子冲蚀涂层的切向动力逐渐减小，法向动力不断增大，因而冲击摩擦系数随角度增长呈降低趋势。

(5) 冲击摩擦系数与冲蚀率随角度的变化并不一致，当 $\alpha_0 < 45°$ 时，冲击摩擦系数减小而冲蚀率增大，当 $\alpha_0 \geqslant 45°$ 时，冲击摩擦系数减小，冲蚀率也随之减小。

本章参考文献

[1] 郭源君，庞佑霞.弹性涂层的冲蚀损伤特性研究 [J].应用力学学报.2003，20 (4)：51-53

第 **9** 章
风沙流粒子冲击钢结构涂层的
有限元分析

风沙粒子对钢结构涂层的冲蚀会破坏涂层且影响到钢结构的耐久性和安全性，基于界面力学和接触力学对风沙粒子冲击钢结构涂层的力学行为进行理论分析，并运用动态有限元软件 ANSYS/LS-DYNA 对其进行有限元 FEM（Finite Element Method）模拟。并对冲击后涂层基体界面上应力分布规律做出分析，对界面破坏形式及易破坏位置作出评价，对界面裂纹及界面端的损伤准则进行了实际有效的评价分析。

9.1 动力学数值分析的基本理论

风沙流粒子冲击钢结构表面涂层的过程，属于碰撞动力学问题，具有撞击动态荷载强度高和作用时间短等特征。撞击过程是一个物体间发生相互作用，材料撞击表面发生塑性变形的非线性瞬态动力学过程。为描述其作用机理，需要对撞击的物理过程有深入了解，采用合理的技术途径来研究这些复杂的相互作用问题。通常，描述这类现象的偏微分方程组是非线性的，很难得到完全的解析结果；而近似的数值模拟是一种强有力的方法[1-2]，可以获得满足精度要求的分析结果。求解这类问题的较好选择是利用动力学有限元程序模拟，该方法根据材料本构模型和状态方程和系统的守恒控制方程求解，可对碰撞全过程进行数值模拟和研究，可以揭示目前还不易观测到的一些现象，能够显示试验无法看到的发生在结构内部的一些物理过程；计算机模拟方法通过调整有限元模型的参数，改变试验条件，可以很容易地进行对比试验，对不同情况状态进行分析。数值模拟结果与试验数据相互补充，二者结合可以对物理过程有更深入的理解。

9.1.1 风沙粒子冲击钢结构涂层模型

沙粒子直径为 $100\mu m$，密度 2.7g/cm³，弹性模量 $(1\sim10)\times10^4$MPa，泊松比 0.25，硬度 7750MPa，速度取 20m/s，分析模拟沙粒子垂直冲击钢结构油漆涂层，涂层密度 1.71g/cm³，弹性模量 16MPa，泊松比 0.35，硬度 2.15MPa，将涂层简化为半空间体。剖面模型如图 9-1 所示。

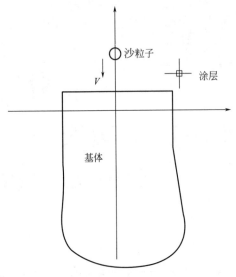

图 9-1　粒子碰撞冲击涂层模型剖面

9.1.2　风沙粒子冲击钢结构涂层的表面及内部应力

1.钢结构涂层表面接触区径向应力理论分析

本模型在图 9-2 中已描述，钢结构涂层接触区应力及涂层内部应力以此模型求解。风沙粒子冲击钢结构涂层，在涂层上形成的接触圆半径根据式（9-1）可以求得 $a = 46.3\mu m$。

$$a = \left(\frac{3p_{\max}R}{4E^*}\right)^{\frac{1}{3}} \tag{9-1}$$

接触压力的 Hertz 式分布不会导致 $r = a$ 接触圆之外的接触。为使理论分析与模拟分析能够更直观的对比分析，将 $a = 46.3\mu m$ 的接触圆半径分成 1～13 个点的排布如图 9-2 所示。

钢结构涂层表面接触区径向应力理论解可由式（9-2）和式（9-3）求得。

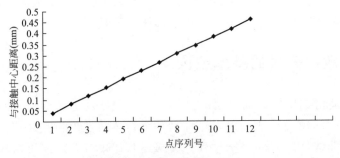

图 9-2　接触区分布点坐标

加载圆外部

$$\overline{\sigma}_r/P_0 = (1-2\nu)a^2/3r^2 \tag{9-2}$$

在钢结构涂层接触区内，表面上的应力分量为

$$\overline{\sigma}_r/p_0 = \frac{(1-2\nu)}{3}(a^2/r^2)[1-(1-r^2)^{3/2}] - (1-r^2/a^2)^{1/2} \tag{9-3}$$

图 9-3 为钢结构涂层接触区表面径向应力理论值分布图，在加载圆内部 1～12 点位置，即从接触中心位置到距离接触中心 $42.45\mu m$ 处，径向应力为压应力，最大径向应力产生在接触中心，理论值为 $(1+2\nu)p_0/2 = 5.1\mathrm{MPa}$，随着离接触中心的距离增加，压应力的减小速度呈加快趋势，到临近加载圆边界处 $42.45\mu m$ 处径向应力降至零，且在加载圆边界 $46.3\mu m$ 处拉应力为各处最大值 $(1-2\nu)p_0 = 0.8\mathrm{MPa}$。这个接触区表面的最大拉应力对于涂层材料的受拉性能起到了非常重要的指导意义（涂层材料的受压性能大于其受拉性能）。在设计钢结构涂层时，尽量应该选用受拉能力大于这个最值的材料，如果材料的选用强度不够，在此拉应力最大值的环状区域极易受到拉力撕裂的损伤，形成圆环状破坏。

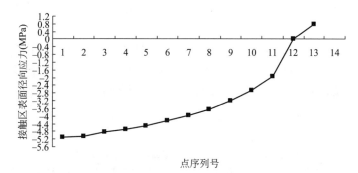

图 9-3　钢结构涂层表面接触区表面径向应力理论值分布图

2. 钢结构涂层表面接触区 Z 向应力理论分析

钢结构涂层表面接触区 Z 向应力可以由式（9-4）求得：

$$\overline{\sigma_z/p_0} = -(1-r^2/a^2)^{1/2} \tag{9-4}$$

由图 9-4 可以看出表面接触区 Z 向应力在接触区中均为压应力，每个应力等值线均匀减小。接触中心处 Z 向应力理论最大值为 7MPa，在接触区边缘基本降为 0。Z 向应力分布对于涂层材料的表面 Z 向受压性能的要求并没有表面受拉要求高（一方面涂层材料受压性能远好于其受拉性能，另一方面从两者对比图可看出，Z 向应力变化比较规则），即涂层材料对受拉撕裂破坏更加敏感。

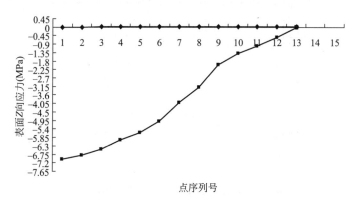

图 9-4　钢结构涂层表面接触区受冲击后表面 Z 向应力理论值

3. 钢结构涂层内部沿 Z 轴径向和 Z 向应力理论分析

沿 Z 轴径向和 Z 向应力分别可由式（9-5）和式（9-6）求得。

表面撞击接触点正下方沿 Z 轴的应力表达式为：

$$\sigma_r/p_0 = \sigma_\theta/p_0 = -(1+\nu)[1-(z/a)\mathrm{tg}^{-1}(a/z)]+1/2(1+z^2/a^2)^{-1} \tag{9-5}$$

$$\sigma_z/p_0 = -(1+z^2/a^2)^{-1} \tag{9-6}$$

由图 9-5 沿 Z 轴径向和周向应力分布图及图 9-6 沿 Z 轴 Z 向应力对比分析，材料对 Z 向应力的承受力相对较好。接触区正下方 Z 向应力的影响范围比周向和径向应力影响范围大接近一倍，可以从图 9-5 和图 9-6 的对比中看出，在位置 13 点处，径向及周向应力已经基本降至 0，而 Z 向应力减少了接近一半。Z 向应力的影响范围不仅非常广，应力的大小也比同位置的周向和径向应力大。这就导致了 Z 向应力的分布成了涂层内部影响其性能的一个重要因素。考虑 Z 向应力对材料的破坏时，同时也应考虑涂层材料受拉受压性能的不同。虽然 Z 向应力的大小也比同位置的周向和径向应力大。但也应考虑到一般涂层材料受压性能大于其受拉性能。沿 Z 轴径向和周向的应力曲线随距接触中心距离的增加，呈斜率逐渐减小的开口向下的曲线形状，最大值在 1 点即撞击中心处，为 5.7MPa，在 2、3、4、5 点位置处，周向及径向应力减少速度非常快，在 5 点位置已经降至 2.5MPa。五点位置在撞击中心正下方 $15.4\mu m$ 位置。

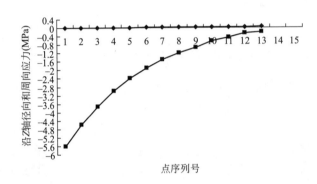

图 9-5　钢结构涂层内部沿 Z 轴径向和周向应力理论值

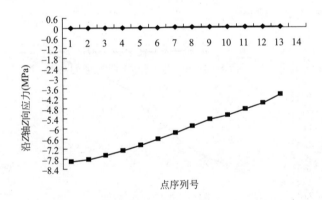

图 9-6　钢结构涂层内部沿 Z 轴 Z 向应力

9.1.3　风沙粒子冲击后涂层基体界面处应力的理论解

对涂层和基体界面应力分析比较成熟的理论是镜像点法[3-7]。Rongved 在求解两个半无限体结合材料受集中力作用时的二维和三维的问题时，显示出了镜像点法在求解结合材料的应力场分析中的有效性。

根据 Goursat 应力公式：

$$\sigma_z + i\tau = \varphi' + \overline{\varphi'} + \overline{z}\varphi'' + \psi' \tag{9-7}$$

其中 φ 和 ψ 为解析函数，$z = x + iy$，$\overline{z} = x - iy$。

在图 9-7 镜像点取 o_2，则 $z = x + iy$，$\zeta_k = x - iy$，材料的应力函数为

$$\begin{cases} \varphi_1 = A_1 z_1 + \Phi_1 \zeta_1 \\ \psi_1 = B_1 z_1 + \Psi_1 \zeta_1 \end{cases} \tag{9-8}$$

弹性力学中半无限体自由表面集中力的 kelvin 解满足：

$$A_1(z_1) = C\ln z_1, B_1 = -C\ln z_1 + ihC/z_1,$$
$$C = -(P_x + iP_y)/2\pi \qquad (9\text{-}9)$$

注：

$$\varphi_1 = A_1(z_1) + \Phi_1(\zeta_1), \Phi_1 = \frac{\beta - \alpha}{1 - \beta}(z\overline{A_k'} + \overline{B_k})$$

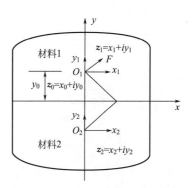

图 9-7 涂层基体模型中的镜像点法

p_x 和 p_y 分别为涂层表面受到的两个方向的压力分量，h 为涂层厚度，α 和 β 为对结合材料的变形和应力有影响的组合参数，及 Dundurs 参数（异材参数）。

将上述函数代入 Goursat 就可以求出界面处应力的理论解。

界面应力计算算例：

理论解析中只考虑一阶镜像点所对应应力函数所贡献的理论值，取原点处应力求解为例。

取原点上下 $20\mu m$ 一阶镜像点，$z_1 = x + 20\mu mi$，$\zeta_1 = x - 20\mu mi$，$c = 20 \times 10 - 3Ni/2\pi$，然后带入 9-9 可以求得系数 $A_1 = (20 \times 10 - 3i/2\pi)\ln 20i$，$B_1 = -(20 \times 10 - 3i/2\pi)\ln 20i + (ih20 \times 20 \times 10 - 3i/2\pi)$。其中：

$$\alpha = \frac{(\kappa_2 + 1) - \Gamma(\kappa_1 + 1)}{(\kappa_2 + 1) + \Gamma(\kappa_1 + 1)} = \frac{\mu_1(\kappa_2 + 1) - \mu_2(\kappa_1 + 1)}{\mu_1(\kappa_2 + 1) + \mu_2(\kappa_1 + 1)} \quad \beta = \frac{(\kappa_2 - 1) - \Gamma(\kappa_1 - 1)}{(\kappa_2 + 1) + \Gamma(\kappa_1 + 1)}$$

$$= \frac{\mu_1(\kappa_2 - 1) - \mu_2(\kappa_1 - 1)}{\mu_1(\kappa_2 + 1) + \mu_2(\kappa_1 + 1)}$$

$\mu = E/[2(1 + \nu)]$，$\kappa = (3 - \nu)/(1 + \nu)$ 两种材料涂层 $E_1 = 16MPa$，$\nu_1 = 0.35$

钢结构基体 $E_2 = 2 \times 10^5 MPa$，$\nu_2 = 0.3$ 将两种材料的参数带入 Dundurs 参数（异材参数）可求解 $\frac{\beta - \alpha}{1 - \beta} = 1$。$A_1 Z_1 = (20 \times 10 - 3N/2\pi)\ln 20(\mu m)i \times (x + 20\mu mi)$，$\Psi_1 = 0$。其他系数简化为

$$\Phi_1 = \overline{B_k} = (9.6i - 1.6\pi) \times 10 - 3 + h \times 10 - 3/2\pi$$
$$B_1 Z_1 = [(9.6i - 1.6\pi) \times 10 - 3 + h \times 10 - 3/2\pi](x + 20)$$

将上述系数带入式（9-9）的应力函数就可以求得，根据式（9-8）解得应力 $\sigma_y = 4.12MPa$，$\tau_{xy} = 0.0882MPa$。其他点均取一阶径向点所对应的应力函数的贡献值，绘制如图 9-9 和图 9-11 应力图。

9.1.4 风沙粒子冲击涂层基体模型

沙粒子直径为 $100\mu m$，密度 $2.7g/cm^3$，弹性模量 $(1 \sim 10) \times 10^4 MPa$，泊松比 0.25，硬度 $7750MPa$，速度取 $20m/s$，本次模拟沙粒子垂直冲击涂层，涂层密度 $1.71g/cm^3$，弹性模量 $16MPa$，泊松比 0.35，厚度取 $200\mu m$，硬度 $2.15MPa$。剖面模型如图 9-8 所示。基体弹性模量 $2 \times 10^5 MPa$，泊松比 0.3。

涂层基体界面上的应力分布图可以直观的在图 9-9 中看出，图中界面上主要受到垂直于界面方向应力和切应力的影响，在涂层基体受到冲击的过程中，垂直于界面方向应力一般情况下均为压力，竖向材料结合紧密且材料连续性较好，故垂直于界面方向应力不会对涂层造成比较严重的损伤，然切应力的方向是平行于界面层的，由于这个切应力平行于界

面，这就会造成对界面层非常严重的损伤。

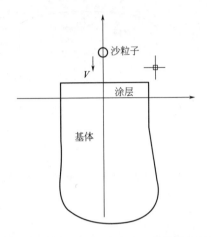

图 9-8　风沙粒子碰撞冲击涂层基体模型剖面

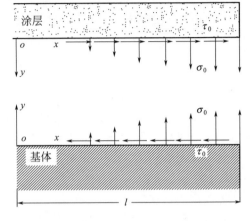

图 9-9　受冲击后涂层基体界面上各向应力分布

9.1.5　受风沙粒子冲击后涂层基体界面上 Z 向应力理论分析

上图 9-10 为受风沙粒子冲击后涂层基体界面上 Z 向应力理论值分布图，界面上 Z 向应力可以由上述方法求得。界面处 Z 向应力均为压应力，在界面接触碰撞中心附近聚集了绝大部分的应力场，h 为涂层厚度，r 为与接触中心的距离，在 $r/h=1$ 之前的区域聚集了 75% 的应力场。在界面中心处 Z 向应力为 4MPa，到 $r/h=1$ 的位置大约降至 1.7MPa，$r/h=1\sim2$ 这段距离，界面上 Z 向应力已经基本稳定。所以界面处 Z 向应力的变化规律为在碰撞中心正下方的接触面附近应力非常大，变化很慢，随着距离中心的增加，界面处 Z 向应力剧烈减小，斜率非常大，随后趋于平稳缓慢的减小。同时 Z 向应力变化最快的位置大约出现在 $r/h=0.75$ 的位置。由于界面的特殊性，界面上对 Z 向应力的承受力显然要弱许多，且由于涂层基体的结合很难达到理想的状态，在 $r/h=0.5\sim1$ 之间 Z 向应力剧烈的变化使界面由于受力非常不均匀而遭到破坏。这种破坏形式往往会和起鼓破坏类似。

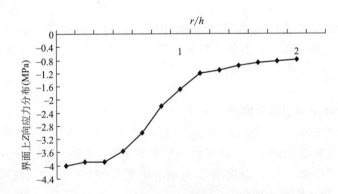

图 9-10　受风沙粒子冲击后涂层基体界面上 Z 向应力理论值分布图

9.1.6　受风沙粒子冲击后涂层基体界面上剪应力理论分析

受风沙粒子冲击后涂层与基体界面上剪应力的研究对于涂层基体界面附近的破坏规律

有重要的指导意义，界面上剪应力可以由上述方法求得，图 9-11 受风沙粒子冲击后涂层基体界面上剪应力理论值分布图。界面上的剪应力以撞击点正下方为界，左右基本对称，剪应力符号相反，在撞击点正下方到剪应力发展到最大值的这一段（$r/h=0.75$）剪应力增加速度非常快，这会造成一种情况：如果基体和涂层的模量与剪应力的剧烈变化不够匹配，这个剪应力的剧烈增加会撕破涂层基体的结合界面，从而导致结构起皱类型损伤（这是涂层基体界面很值得研究的一个主题），所以，变化最剧烈的位置也是容易损伤的地方。从撞击中心向两边剪应力数值剧烈增大，到大约 $r/h=0.75$ 时，剪应力达到最大，为 $0.8MPa$，这也是涂层与基体的界面上非常容易发生剪切破坏和损伤的位置。且由于在界面上的应力会发生奇异性，这种剪切损伤造成的细小裂纹会在裂纹前沿出现非常明显的应力奇异性，在裂纹前沿会出现一个应力非常大的区域，一旦界面承受剪切的承载力小于冲击后在界面上造成的剪切应力，剪切应力就可能会撕裂涂层，产生细小裂纹，而这个裂纹在其前沿应力的开辟下，会非常快速而剧烈的延伸，对界面造成非常大的破坏，这种裂纹前沿应力分及破坏形式布会在后面章节中分析到。

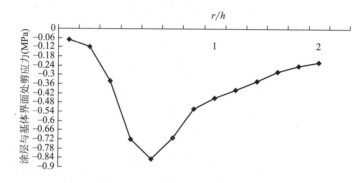

图 9-11 受风沙粒子冲击后涂层基体界面上剪切应力理论值分布图

9.2 有限元模拟程序简介

9.2.1 LS-DYNA 简介

近年来，非线性结构动力仿真分析方面的研究工程应用取得了很大突破，20 世纪 90 年代中后期，著名动力分析程序 LS-DYNA[8-11] 引入中国。

LS-DYNA 的显式算法特别适合于分析各种非线性结构冲击动力学问题，如爆炸，结构碰撞等高度非线性的问题。同时 LS-DYNA 是功能非常完备的非线性显式分析程序包，主要可以分析求解材料和几何非线性以及接触非线性问题，其包含的显式算法非常适合求解非线性结构冲击动力学问题，能够模拟实际各种复杂几何非线性（大位移、大转动和大应变）、材料非线性和接触非线性问题，特别适合求解各种二维、三维非线性结构的碰撞、爆炸和金属成型等非线性动力冲击问题。由于风沙流粒子冲击钢结构表面涂层的过程属于动态冲击过程，故本文采用可用于动态冲击分析的动力学有限元程序 LS-DYNA 对该过程进行模拟和研究。

9.2.2　ANSYS 简介

有限元分析的目的是根据设计荷载的条件，确定在荷载条件下的各类响应，我们在进行有限元的模拟时，实际是用离散块体来模拟真实的情况，把所有有限单元的响应合在一起就是我们所需要的。市场上主要的有限元软件有 MSC 和 ANSYS 两类，ANSYS 是融结构，电场，磁场，声场分析于一体的大型通用有限元分析软件。

在 ANSYS 有限元计算中，每一个单元的特性用一组单元刚度矩阵来表示。ANSYS 中计算积分点时需要进行数值分析，采用高斯积分法，在面和体单元中，在积分点处计算单元结果比较精确，但积分点与节点是不同的两个概念，不同的单元积分点位置不一样，所以在显式动力分析中，最耗费 CPU 的就是对单元的处理，积分点的个数与 CPU 时间成正比。积分点又分为单点积分和全积分。实质上两者区别是高斯积分时采用的积分点的个数。因此，单点积分不仅节省了 CPU，而且单点积分单元在大变形中同样有效，ANSYS/LS-DYNA 单元能够承受比标准 ANSYS 隐式单元更大的变形，因此，每一种显式动力单元缺省为单点积分，但是这种积分也有缺点：可能会出现沙漏模态，同时其应力结果与积分点有关，如果分析时出现沙漏情况，建议采用全积分单元。

9.3　风沙流粒子冲击涂层的有限元模拟计算

9.3.1　风沙流粒子冲击涂层的有限元计算模型一

利用 LS-DYNA 程序对风沙流粒子冲击钢结构涂层进行数值模拟。首先利用 AN-SYS10.0 前处理器建立有限元计算模型。由于风沙流粒子和钢结构涂层均可视为轴对称结构体系，在分析中可以建立四分之一模型进行计算。由于不考虑沙粒子的变形及碎裂，而且，由于其硬度远大于涂层硬度，故认为沙粒子为刚性模型。对沙粒子和涂层划分网格时都采用 8 节点六面体单元，考虑到计算的精确性，划分网格时对涂层的不同区域采用不同的网格密度，粒子与涂层冲击接触区域网格划分较密，远离接触区域的网格划分较稀疏，涂层远端受到粒子的作用很小，几乎为零，可以认为涂层为无限域。有限元模型如图 9-12 所示。

图 9-12　有限元计算模型一
四分之一模型

在冲击过程中，接触发生在风沙流粒子和钢结构涂层的表面，采用 LS-DYNA 的"面-面"接触算法。涂层材料的破坏准则采用 Von-Mises 屈服条件。

钢结构涂层的弹性模量为 16MPa，泊松比 0.35，密度 1.7g/cm³，硬度 2.15MPa，沙粒子密度 2.7g/cm³，硬度（显微硬度）7750MPa，直径 $d = 100\mu m$。将风沙流粒子距离涂层表面一定距离处的速度作为初始冲击速度，垂直冲击涂层，同时涂层底面的所有自由度受到钢板的约束。

在有限元分析计算中，对风沙流粒子和钢结构涂层作如下假设：（1）由于风沙流粒子硬度远大于涂层硬度，可把风沙流粒子视为刚体，在冲击过程中不会发生变形和碎裂；

（2）由于风沙流粒子颗粒很小，且作用时间短，模拟过程不考虑摩擦的影响，同时不考虑温度场的影响；（3）涂层较风沙流粒子尺寸大得多，可将涂层视作弹性半无限体，另外，涂层与基体钢板结合良好，钢板可以约束涂层底面所有的自由度。

1. 风沙流粒子冲击钢结构涂层时有效应力的有限元分析

（1）钢结构涂层表面 Von-Mises 有效应力分析

图 9-13 是钢结构涂层在冲击角度为 90°、冲击速度为 18m/s、风沙流粒子直径 $d = 100\mu m$ 的冲击条件下，涂层表面的 Von-Mises 有效应力分布的等值面图。图 9-13（a）为涂层 Von-Mises 有效应力等值面俯视图，图 9-2（b）为涂层的 Von-Mises 有效应力等值面剖面图。

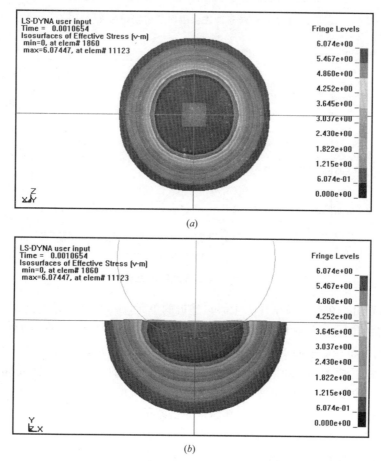

（a）

（b）

图 9-13　钢结构涂层 Von-Mises 有效应力的等值面图（单位：MPa）

（a）等值面俯视图；（b）等值面剖面图

由图可以看出，冲击应力波在涂层 XOZ 平面内由冲击中心点向四周对称扩展，且应力值由冲击中心点向四周逐渐减小。在整个冲击接触区域中约以接触半径为半径的半圆形区域中应力值都比较大，其分布范围为 4.86～6.074MPa，在冲击中心点单元即 11123 单元上，风沙流粒子冲击钢结构涂层接触区域的最大 Von-Mises 屈服应力为 6.074MPa。

图 9-14 为沙粒子冲击钢结构涂层时的俯视网格图，图 9-15 为图 9-14 中标出单元的 X 坐标值与对应单元点有效应力的关系。

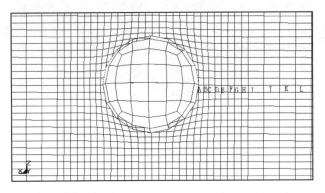

图 9-14　粒子冲击涂层时的俯视网格图

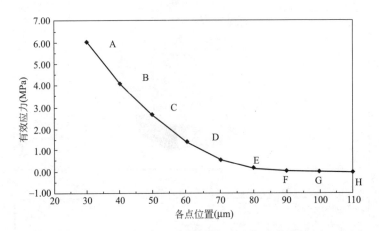

图 9-15　不同单元有效应力与 X 坐标点的关系

由图可以看出，在离沙粒子冲击中心点越近的单元，其有效应力越大；其余各点随着距中心点距离的增加，有效应力逐渐下降，冲击时沙粒子与涂层的最大接触半径约为 $30\mu m$。在距离粒子冲击中心点约 $98\mu m$ 的 H 单元有效应力开始趋近于零，可见当某单元距冲击中心点的距离 $\geqslant 98\mu m$ 时，其几乎不受冲击作用力的影响。由此可以推断，当直径 $d = 100\mu m$ 的沙粒子，以冲击角度为 $90°$、冲击速度为 $18m/s$ 的冲击涂层时，对涂层的作用范围约为直径 $196\mu m$ 的圆形区域，其约是冲击粒子大小的 1.96 倍。

（2）冲击粒子反弹过程中钢结构涂层应力分布变化分析

图 9-16（a）～（e）为风沙流粒子冲击钢结构涂层时，在粒子反弹过程中涂层全场应力分布变化的过程。

在风沙流粒子以一定初速度 V_0 冲击钢结构涂层的过程中，沙粒子冲击速度 V 逐渐减小，当冲击速度 $V = 0$ 时，沙粒子对涂层的冲击作用力达到最大值，沙粒子和涂层的接触区域也达到最大值，此时涂层所受到的影响区域及区域中各点的应力都达到了最大值，应力最大值点出现在粒子与涂层冲击接触中心点。此时，接触中心点及其周边约以接触半径为半径的半圆形区域中涂层的应力值都比较大，且发生较大塑性变形，如图 9-16（a）所示。此后，由于刚性冲击沙粒子没有碎裂，也没有侵彻镶嵌于涂层中，而要反弹出涂层。在反弹过程中，沙粒子的冲击作用力撤销，涂层的变形将会部分恢复，沙粒子与涂层的接

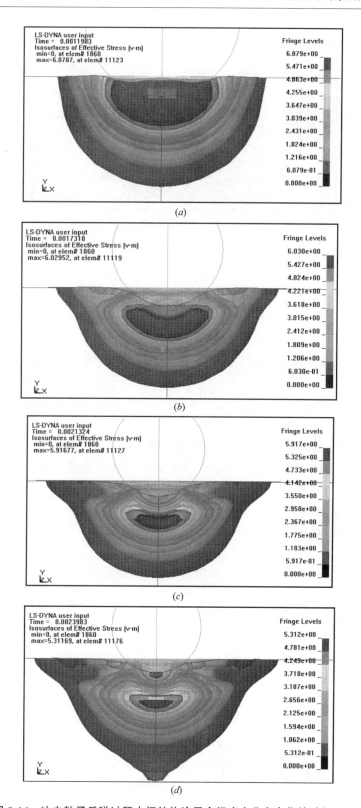

图 9-16 冲击粒子反弹过程中钢结构涂层全场应力分布变化的过程 (一)

(a) $T = 0.0011983$；(b) $T = 0.0017318$；(c) $T = 0.0021324$；(d) $T = 0.0023983$

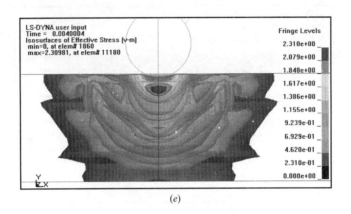

(e)

图 9-16　冲击粒子反弹过程中钢结构涂层全场应力分布变化的过程（二）

(e) $T = 0.0040004$

触区域逐渐减小，涂层所受到的影响区域及区域中各点的应力也在逐渐减小。由于沙粒子与涂层接触面变形的部分恢复较快，接触面下涂层内部变形的部分恢复较慢，故沙粒子与涂层接触面的应力要比接触面下涂层内部的应力减小得快，故此时涂层中残余应力最大值出现在接触面下涂层内部，而不是沙粒子与涂层接触面，如图 9-16（b）～（e）所示。

另外，在冲击沙粒子反弹的过程中，沙粒子与涂层冲击接触面上各点变形恢复也不同步，冲击接触中心处变形恢复要慢于接触面周边处变形恢复，如图 9-16（b）～（c）所示。此时，接触面中心处沙粒子与涂层可能即将处于分离状态，而接触面周边涂层与粒子还是紧密接触，所以冲击接触面正下方中心点处涂层应力已趋于零，要小于接触面周边处的应力。

图 9-16（e）所示为冲击沙粒子即将反弹离开涂层表面的临界状态。沙粒子与涂层接触面周边变形恢复以趋于结束，而接触中心处变形恢复继续进行，此时整个接触面出现较均匀的应力分布情况，不过这时的涂层应力值要远小于图 9-16（d）所示接触面上的应力值，前者约为后者的 10 倍。另外还可从图 9-16（e）中看到，在接触面下方涂层内部会有残余应力存在。

2. 风沙流粒子冲击钢结构涂层时有效塑性应变的有限元分析

（1）钢结构涂层表面全场有效塑性应变分析

图 9-17 是钢结构涂层在冲击角度 $\alpha = 90°$、冲击速度为 18m/s、沙粒子直径 $d = 100\mu m$ 的冲击条件下，钢结构涂层表面的有效塑性应变分布的等值面图。图 9-17（a）为涂层有效塑性应变等值面的俯视图，图 9-17（b）为有效塑性应变等值面的剖面图。由图可以看到，在钢结构涂层表面 XOZ 平面内，其有效塑性应变由冲击中心点对称向四周区域逐渐减小。在冲击中心点单元即 11123 单元上产生了最大有效塑性应变，最大值为 0.2459，而远离接触区的单元，其受沙粒子的冲击作用影响很小，有效塑性应变为零。因为沙粒子和涂层在各个方向都是对称的，而且是垂直撞击，所以涂层的有效塑性应变的分布在各个方向上也是对称分布的。这与理论分析相符。

（2）钢结构涂层表面 X 和 Z 方向应变分析

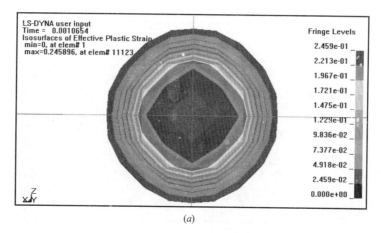

(a)

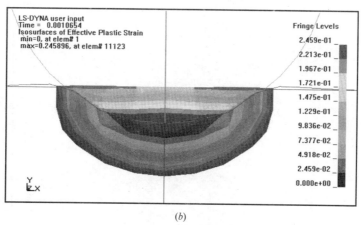

(b)

图 9-17　粒子撞击钢结构涂层表面的有效塑性应变的等值面图

（a）等值面俯视图；（b）等值面剖面图

　　图 9-18 是钢结构涂层受风沙流粒子冲击后，其表面在 X 和 Z 方向应变的分布。由于沙粒子和涂层的对称性，当沙粒子冲击时，钢结构涂层的应变分布也是对称的，而且在 X 方向产生的应变值和 Z 方向产生的应变值几乎是相等的。同时由图知，当沙粒子冲击后，与沙粒子接触的单元在 Y 方向位移较大，对应的纤维受拉，产生的是拉应变；而沙粒子附近的其他单元被粒子向外挤压发生压缩变形，对应的应变为压应变。这与理论分析相符。

9.3.2　风沙流粒子冲击涂层的有限元计算模型二

　　1. 碰撞过程的有限单元法

　　风沙粒子碰撞涂层基体过程的数值模拟是当前有限元方法的研究发展中面临的比较复杂和很重要的课题，其复杂的原因主要是力学上涉及材料、几何、边界三重非线性积分问题，有限元法以及计算技术的不断发展为分析接触和碰撞问题（简称接触问题）提供了有力的工具，力学模型的建立以及理论编程到有限元中使接触过程的模拟可以实现。

　　风沙粒子碰撞涂层基体的过程在力学上的非线性来源于很多方面，主要有经常遇到的界面边界的不确定性和几何非线性，几何非线性，对于这个模型问题来说，所有的积

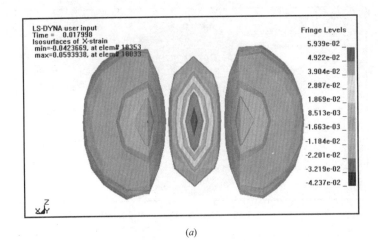

(a)

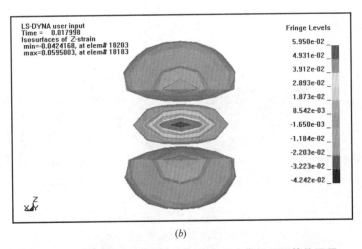

(b)

图 9-18　钢结构涂层表面在 X 和 Z 方向应变的俯视等值面图

(a) X 方向应变分布；(b) Z 方向应变分布

分区域是未变形的构件，而雅各比矩阵 J 以及应变矩阵 B 事实上只与初始构件中的节点有关。

力学和数学表达转变成有限元的正确表述需要复杂的过程。接触问题有限元方程的形成过程中增加了接触面的离散，接触面之间的法向接触条件（主要数学表达为不可贯入性和接触力为压力）可以确定两个物体是否已经进入接触的过程。主要进行的工作有：

（1）用增量迭代的形式改写接触条件；

（2）划分和区别不同接触状态的定解条件和校核条件；

（3）把接触条件作为约束方程，将其引入变分方程，形成求解方程。

这三个过程的具体实现方法后面会详细介绍，将接触条件引入变分原理的方法本章后面也会提到，本次模拟主要应用的拉格朗日乘子法。接触过程的有限元分析核心是接触点对的搜寻和非线性方程的求解。理解接触过程的有限元分析以及方程的建立，必须首先介绍有限元单元的性质。

表 9-1 所示为常用拉格朗日有限元单元。

常用拉格朗日有限元单元 表 9-1

单元	节点数目	自由度	多项式	基
三角形	3	6	线性	$1, \xi, \eta$
三角形	6	12	二次	$1, \xi, \eta, \xi^2, \xi\eta, \eta^2$
四边形	4	8	双线性	$1, \xi, \eta \mid, \xi\eta$
四边形	8	16	二次	……
四边形	9	18	二次	……

由于两物体作用时的接触界面[12-15] 的不可知性，以及单边性的不等式约束，这些问题最终导致我们在分析接触问题时，必须不断的搜寻接触界面的位置。

接触问题需要采用试探-校核的迭代方法进行，每一步的试探-校核可以大体表述如表 9-2 所示。

接触问题的定解条件和校核条件 表 9-2

接触状态		定解条件	校核条件
接触	粘接	(1) $u_N^A - u_N^B + \overline{g}_N = 0$ (2) $u_T^A - u_T^E = 0$ 或者 $u_j^A - u_J^B = 0 (J = 1, 2)$	(1) $t + \Delta t F_N^A > 0$ 如不满足，则分离 (2) $\mid {}^{t+\Delta t}F_T^A \mid - \mu \mid {}^{t+\Delta t}F_N^A \mid < 0$ 如不满足，则转为滑动
	滑移	$u_N^A - u_N^B + \overline{g}_N = 0$ 或者 $\mid {}^{t+\Delta t}F_N^A \mid - \mu \mid {}^{t+\Delta t}F_N^A \mid = 0$	(1) ${}^{t+\Delta t}F_N^A > 0$ 如不满足，则分离 (2) $(u_T^A - u_T^E) {}^{t+\Delta t}F_T^A < 0$ $\mid u_T^A - u_T^E \mid > \xi$ 如不满足，则转为粘接 如满足，则继续搜索新的位置
分离		${}^{t+\Delta t}F^A = {}^{t+\Delta t}F^A = 0$ 此条件为无接触力作用的自由边界条件	$({}^{t+\Delta t}X^A - {}^{t+\Delta t}X^B) {}^{t+\Delta t}N^b > \varepsilon$ 通过搜索上述条件，若不满足，则转为粘接，并给出接触点对的具体位置

说明：

（1）粘接接触的"定解条件（1）"中包含的 $\overline{g}_N$ 作用是考虑上一次迭代计算时，接触点之间存在的间距或者相互贯入量。其中 $u_N^A - u_N^B$ 物理意义是相对的 N 位置 t 到 $t + \Delta t$ 的位移增量。${}^{t+\Delta t}F_N^A$ 表示的为 $t + \Delta t$ 时刻接触面上法相接触力的数值。${}^{t+\Delta t}F_T^A$ 表示的是 $t + \Delta t$ 时刻接触面上切相接触力的数值。粘接接触的"校核条件（2）"中当 $\mid {}^{t+\Delta t}F_T^A \mid = \mu \mid {}^{t+\Delta t}F_N^A \mid$ 时刻，接触面间将要发生切向相对滑动，大于时，滑动开始发生。

（2）粘接接触的"定解条件（2）"中的相对切向位移 $u_T^A - u_T^E$ 可以考虑从该点对的粘接接触开始计算，减小积累误差。

（3）滑动接触的"校核条件（2）"中，增加了辅助条件 $\mid u_T^A - u_T^E \mid > \xi$，这是为了避免误差对接触判断的影响。

（4）分离校核条件中 $({}^{t+\Delta t}X^A - {}^{t+\Delta t}X^B) {}^{t+\Delta t}N^b = {}^{t+\Delta t}\overline{g}_N > \varepsilon$ 表示的是不可贯入性的一般性要求，如果 ${}^{t+\Delta t}\overline{g}_N < 0$ 表示某个点已经侵入面了。

如图 9-19 所示为接触面的侵蚀量图，图中物体 B 上的点 P 已经侵入物体 A。寻找相互侵彻的度量，它表示为 $g_N(\zeta^B, t)$。

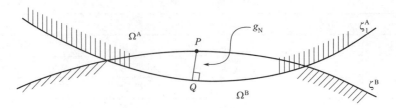

图 9-19　接触面的侵蚀量图

在物体 A 上的点 Q 是最接近于物体 B 上的点 P：它是点 P 在 A 上的正交映射[16]。

在物体 B 上的点 P 侵入到物体 A 的内部，定义为至物体 A 的表面上任意点的最小距离。在用坐标表示点 P 到物体 A 表面上的任意点之间的距离给出为：$l_{AB} = \parallel x^B(\zeta^B, t) - x^A(\zeta^A, t) \parallel \equiv [(x^B - x^A)^2 + (y^B - y^A)^2 + (z^B - z^A)^2]^{\frac{1}{2}}$

相互侵彻量 $g_N(\zeta^B, t)$ 为上式的最小值。

2. 碰撞过程的有限元方程

上述对本模型的非线性有限元方程和解法做了一个大体的介绍，下面要讨论的是对沙粒子和涂层接触面上的各个力学量进行有限元离散处理相关的问题，以形成接触问题的有限元方程。本文主要介绍讨论的是 Lagrange 乘子法的离散处理。

构造 Lagrange 乘子网格具有一定的难度。一般说来，两个接触物体的节点是不重合的，如图 9-20 所示为接触问题的离散化处理图。因此，有必要建立一种方法处理不相邻的节点。

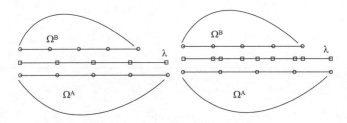

图 9-20　接触问题的离散化处理图

一种可能性表示在图 9-20 左图中，选择 Lagrange 乘子场中的节点为主控物体的接触节点。当一个物体比另一个的网格更加细划时，这种简单的方法是无效的。Lagrange 乘子的粗网格则导致相互侵彻。

另一种方法是无论在物体 A 或 B 上出现一个节点，则放置 Lagrange 乘子节点，如右图所示。这种方法的不足之处是当物体 A 和 B 上的节点接近时，一些 L 乘子单元非常小。这可能导致方程的病态条件。在三维情况下，这种方法是不可行的。对于一般性的应用，Lagrange 乘子必须单独构造网格，这种网格独立于其他任何网格，但是，至少细划到二者之中较为细划的那个网格程度。Lagrange 乘子法的主要缺点是对于 L 乘子网格的需要。像在简单二维例子中看到的，这可能引入了复杂性。

沙粒子直径为 $100\mu m$，密度 $2.7g/cm^3$，弹性模量（$1\sim10$）$\times10^4$MPa，泊松比 0.25，硬度 7750MPa，速度取 20m/s，本次分析模拟的是沙粒子垂直冲击涂层，涂层密度

$1.71\mathrm{g/cm^3}$，弹性模量 16MPa，泊松比 0.35，硬度 2.15MPa。剖面模型如图 9-8 所示。有限元三维模型为图 9-21。

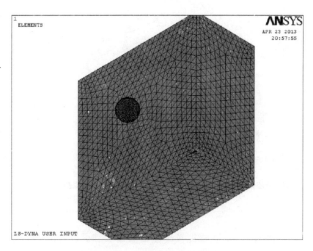

图 9-21 有限元三维模型图

FEM 数值模拟与理论解析的对比分析：

1. 冲击后钢结构涂层表面接触区径向应力对比分析

有限元模拟风沙粒子冲击钢结构涂层的过程中在涂层上形成的接触圆半径 $a = 40\mu m$，压力的 Hertz 式分布不会导致表面上 $r = a$ 圆之外的接触。加载圆内部压力的具体分布规律前面理论章节中已经给出。为理论分析与模拟分析能够更直观的对比，将 $a = 40\mu m$ 的接触圆半径分成 1~13 个点的排布如图 9-22 所示。

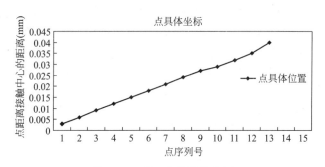

图 9-22 涂层点编号排布图

模型风沙粒子直径 $100\mu m$，FEM 模拟加载圆接触半径为 $40\mu m$，与加载圆的理论计算结果 $46.3\mu m$ 基本保持一致（将点按照离接触中心的距离编号如图 9-23 所示），将模拟的加载圆半径分为 1~13 个点，在加载圆内部，径向应力为压应力，径向应力中压应力最大值产生在圆心，理论值为 $(1+2\nu)p_0/2 = 5.1\mathrm{MPa}$，FEM 模拟值为 6.5MPa，随着离接触中心的距离增加，压应力的减小速度加快。如图 9-24 所示，在加载圆边界，距接触中心 $40\mu m$ 处拉应力为各处拉应力最大值，约为 0.9MPa，与理论分析解 $(1-2\nu)p_0 = 0.8\mathrm{MPa}$ 相比，在误差范围内。

2. 冲击钢结构涂层表面接触区 Z 向应力对比分析

由图 9-25，钢结构涂层表面接触区 Z 向应力的分布近似为很多个同心圆，每个圆代

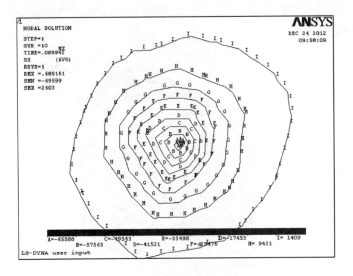

图 9-23　FEM 模拟粒子冲击表面接触区径向应力

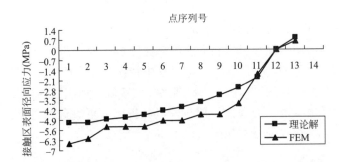

图 9-24　受冲击后涂层表面接触区径向应力理论解与数值解的对比

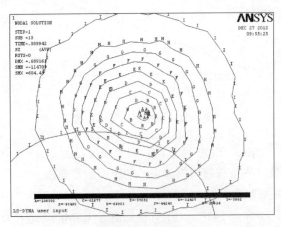

图 9-25　FEM 模拟粒子冲击表面接触区 Z 向应力

表不同的应力等值线，每个应力等值线的间隔距离很均匀，说明涂层在沙粒子冲击过程中 Z 向应力的分布规律比较稳定，不会发生拐点或者剧烈变化的点，即在评价涂层的损伤破坏中，虽然 Z 向应力是比较大的一个应力，但 Z 向应力对于涂层的破坏损伤不及剪应力，

即使剪应力比 Z 向应力小很多，这主要是因为剪应力的分布规律非常不规则。表现在图 9-26 中为应力的斜率很稳定，基本呈线性分布，接触中心分析 Z 向应力理论最大值为 7MPa，FEM 数值模拟值为 10MPa，随着离接触中心距离的增加，应力在均匀减小，在接触区边缘基本降到 0。

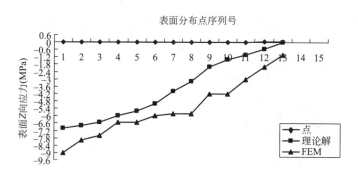

图 9-26 受冲击后表面接触区 Z 向应力理论解与数值解的对比

3. 冲击钢结构涂层表面接触区正下方沿 Z 轴的径向和周向应力

风沙粒子冲击钢结构涂层后，在冲击表面正下方沿 Z 轴的径向和周向应力分布如图 9-27 所示，沿 Z 轴径向和周向应力影响范围大约为 $40\mu m$，与上面理论求得的加载圆半径 $46.3\mu m$ 基本一致，图 9-27 沿 Z 轴剖切面可以看出沿 Z 轴径向和周向应力分布规律：基本呈类似同心圆，如果将其扩展到立体，立体应力的分布为很多同心的不同半径（不同应力等值线）球层。不同的半径为不同位置的应力值，两个球层的距离及对应应力的应力梯度，在接近同心圆心位置处产生最大应力，为 8.4MPa。

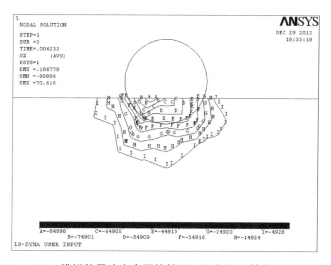

图 9-27 FEM 模拟粒子冲击表面接触区正下方沿 Z 轴径向和周向应力

沿 Z 轴径向和周向应力大小相等，产生图 9-27 的应力形式是由于冲击碰撞后会产生应力波，而这些应力波是以接触中心为球心不断往周围扩展和传播的很多应力等值线，如此就会产生如洋葱皮一样一层层的应力等值线图，沿 Z 轴产生的径向和周向应力与上图 9-25 冲击表面产生的接触应力会有相似的地方（都是类似同心圆的应力等值线）。图

9-28 沿 Z 轴径向和周向应力 FEM 模拟值，最大值为 8.4MPa，且随远离接触中心，应力减小速度放缓。在点 1～7 之间沿 Z 轴径向和周向应力以已经由 8.4MPa 减少到差不多 2MPa。在 7 点及其以后的点沿 Z 轴径向和周向应力基本保持在一个较低的水平。

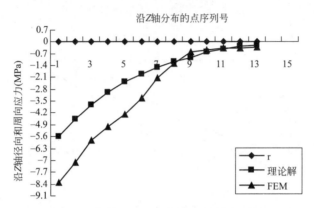

图 9-28　钢结构涂层表面接触区正下方沿 Z 轴径向和周向应力理论解与数值解

4. 冲击钢结构涂层表面接触区正下方沿 Z 轴的 Z 向应力

图 9-29 为 FEM 模拟风沙粒子冲击涂层后，涂层表面接触区正下方沿 Z 轴 Z 向应力等值线图，沿 Z 轴 Z 向应力等值线基本是以撞击点为圆心的不同数值的应力等值线组成，应力等值线图可以清晰描述应力在模型中的分布，可以找到模型中的危险区域，图 9-29 是以点为单位的应力等值线图，Z 轴 Z 向应力等值线的最大值在 A 等值线上，即离碰撞中心最近的位置，为 11.7MPa。

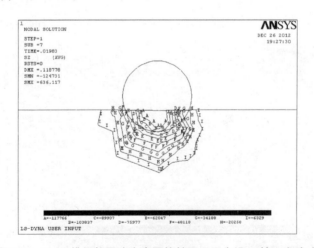

图 9-29　FEM 模拟粒子冲击表面接触区正下方沿 Z 轴 Z 向应力

图 9-30 中，沿 Z 轴的 Z 向应力变化比较稳定，没有拐点也没有斜率变化剧烈的点，由于划分有限元网格时的疏密程度的不够理想，所以图中应力波的形状不是非常规则。但是可以看出的是沿 Z 轴的应力变化呈现较均匀减少的趋势。即材料对 Z 向应力的承受力是比较好的。另一方面，接触区正下方 Z 向应力的影响范围比周向和径向应力影响范围大，这可以从两图对比中看出。Z 向应力的影响范围不仅非常广，且应力值的大小也比同

位置的周向和径向应力大。

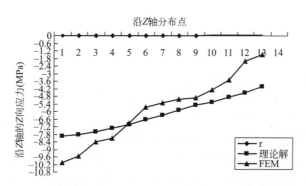

图 9-30 接触区正下方沿 Z 轴 Z 向应力理论解与数值解

5. 冲击表面接触区正下方沿 Z 轴的剪切应力

风沙粒子冲击涂层时，剪切破坏是一种常见的破坏形式，原因主要是风沙粒子的冲击速度非常快，可以达到 20m/s 左右，且沙粒子的弹性模量与硬度都非常之高，而涂层的材料性能比较低，致使风沙粒子容易对涂层造成剪切破坏。且在涂层上剪切应力的分布很不规则，应力梯度变化亦不规则。

图 9-31 中，沿 Z 轴方向，剪应力基本呈以 Z 轴为对称轴的对称分布。应力等值线是很多经过各自不规则"圆心"的类似圆，同时，每个应力等值线的间距分布不规则，这种不规则说明了在涂层内部剪切应力的应力梯度变化非常不规则。在各自"圆心"处，即 $z = 0.45a$，与理论解 $z = 0.57a$ 取得表面下的剪应力最大值基本吻合，在此处理论解为 $(\tau_1)_{max} = 0.31 p_0 = 2.4\text{MPa}$，FEM 模拟值大约为 2.9MPa，模拟与理论分析对于碰撞引起的剪切破坏的分析有着十分重要的指导意义。剪切应力的最大值出现在碰撞接触点的左下方和右下方，这两个接触区域下方剪应力最大值的区域是剪切破坏极易发生的区域，在接触点正下方到剪切力最大值之间的剪切力变化梯度比其他位置明显致密。在非常短的距

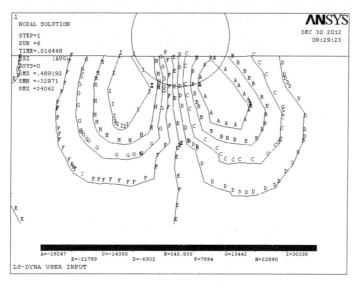

图 9-31 FEM 模拟粒子冲击涂层表面接触区正下方沿 Z 轴剪切应力

离，剪切应力从基本是 0MPa 增加到 2.4MPa，这种剧烈增加型的应力梯度容易对涂层造成起鼓形状破坏。

9.4　本章小结

本章利用有限元分析程序对风沙流粒子冲击钢结构涂层进行了有限元模拟分析，得到了与理论分析相符的结论，主要结论如下：

（1）钢结构涂层的 Von-Mises 有效应力分布规律

钢结构涂层 Von-Mises 有效应力在 XOZ 平面内对称向四周扩展，应力值由冲击中心点向四周逐渐减小。当直径 $d = 100\mu m$ 的沙粒子，以冲击角度 90°、冲击速度 18m/s 的冲击涂层时，在冲击中心点单元上，屈服应力达到最大值 6.074MPa；其余各点随着距中心点距离的增加，有效应力逐渐下降，在距离粒子冲击中心点约 $98\mu m$ 的单元有效应力开始趋近于零，可见当某单元距冲击中心点的距离 $\geqslant 98\mu m$ 时，其几乎不受冲击作用力的影响，其对涂层的作用范围约为直径 $196\mu m$ 的圆形区域，约是冲击沙粒子大小的 1.96 倍。

（2）钢结构涂层全场应力分布随沙粒子反弹过程的变化特征

当粒子冲击作用力达到最大值，沙粒子和钢结构涂层的接触区域也达到最大值，此时钢结构涂层所受到的影响区域及区域中各点的应力都达到了最大值，应力最大值点出现在冲击粒子与钢结构涂层接触中心点。在沙粒子反弹过程中，沙粒子冲击作用力撤销，钢结构涂层的变形要部分恢复，沙粒子与涂层的接触区域逐渐减小，钢结构涂层所受到的影响区域及区域中各点的应力也在逐渐减小。在沙粒子即将反弹离开涂层的临界状态，沙粒子与钢结构涂层接触面周边变形恢复以趋于结束，而接触中心处变形恢复继续进行，此时整个接触面出现较均匀的应力分布情况，另在接触面下方涂层内部有残余应力存在。

（3）钢结构涂层有效塑性应变的分布规律

在 XOZ 平面内，钢结构涂层的有效塑性应变由冲击中心点对称向四周区域逐渐减小。在冲击中心点单元上产生了最大塑性应变，在远离接触区的单元，沙粒子撞击作用影响很小，塑性应变为零。因为沙粒子和钢结构涂层在各个方向都是对称的，而且是垂直撞击，所以涂层的有效塑性应变的分布在各个方向上也是对称分布的。

（4）钢结构涂层表面 X 和 Z 向应变的分布特点

由于沙粒子和钢结构涂层的对称性，当沙粒子冲击时，钢结构涂层的应变分布也是对称的，而且在 X 方向产生的应变值和 Z 方向产生的应变值几乎是相等的。当沙粒子冲击后，与粒子接触的单元在 Y 方向位移较大，对应的纤维受拉，产生的是拉应变；而沙粒子附近的其他单元被沙粒子向外挤压发生压缩变形，对应的应变为压应变。

（5）钢结构涂层表面的应力以及冲击后沿 Z 轴内部产生的应力

沙粒子冲击钢结构涂层后，钢结构涂层表面的 Z 向应力大于同位置的径向和周向应力，且 Z 向应力变化较稳定，分布规则。径向应力在接触区边缘产生一个最大的拉应力，对于受压能力大于受拉能力的涂层材料来说，这个位置是一个比较脆弱的位置，非常容易产生受拉环状破坏。冲击后沿 Z 轴下方的应力中，产生的应力基本呈现如洋葱一样的围绕圆心的很多球层，这些球层代表了不同位置的不同应力等值线。Z 向应力大于同位置的径向和周向应力，同时，在涂层内部，Z 向应力的影响范围大于径向和周向应力的影响范围，Z 向应力及径向和周向应力的分布规律大体分布规律相似，离接触中心越远应力越小的规律（差别就在这种减少的规律上），而涂层内部的剪切应力分布非常不规则，最大剪切应力产生的位置在接触点正下方左右一定位置处，在接触点正下方到剪切力最大值之间的剪切力变化梯度比其他位置明显致密，容易发生剪切起鼓形状破坏。

本章参考文献

[1]　杨诗婷. 粒子高速撞击金属表面的三维动力学有限元模拟 [D]. 内蒙古：内蒙古工业大学，2008.

[2]　马宏伟，吴斌. 弹性动力学及其数值方法 [M]. 北京：中国建材工业出版社，2000.

[3]　J. Dunders, Boundary condition at interface, Micromechanics and inhomogeneous, Ed. Wang G. J. Springer Verlag, 1990, 109-114

[4]　Cruse T. A. , Boundary integral equation method for three-dimensional elastic fracture mechanics analysis, 1975, Report No. AFOSR-TR-75-0813, Accession No. ADA 01160, 13-20

[5]　J. Q. Xu, Y. Mutoh. Analytical solution for interface stresses due to concentrated surface force. Int. J. Mech. Sci. , 2003, 45: 1877-1892

[6]　杨震，许金泉. 薄膜涂层材料内部受集中力作用时的空间基本解 [J]. 固体力学学报，2009：30 (1) 15-20.

[7]　李华波，许金泉，杨震. 等厚双层涂层材料受法向集中力作用的三维理论解 [J]. 上海交通大学学报，2005，39 (5)：795-800.

[8]　何涛，杨竞，金鑫. ANSYS10.0/LS-DYNA 非线性有限元分析实例指导教程 [M]. 北京：机械工业出版社，2007.

[9]　尚晓江，苏建宇. ANSYS10.0/LS-DYNA 动力分析方法与工程实例 [M]. 北京：中国水利水电出版社，2006.

[10]　Zukas J A，Scheffler D R. Practical aspects of numerical simulations of dynamic event：material interfaces [J]. International Journal of Impact Engineering. 2000，24：821-842 \ 925-945.

[11]　John O，Hall Quist. LS-DYNA theoretical manual [M]. Liver-more：Livermore Software Technology Corporation，2005：487-489.

[12]　Johnson K L [英]. 接触力学 [M]. 徐秉业译. 北京：高等教育出版社，1992.

[13]　吴臣武，陈光南，张坤等. 涂层/基体体系的界面应力分析 [J]. 固体力学学，2006，6 (02)：203-206.

[14]　王熙，李思简. 两端自由的叠层壳体的层间应力分布 [J]. 固体力学学报，1993，14 (1)：81-85.

[15]　许金泉. 界面力学 [M]，科学出版社，2006.

[16]　A·拓亚林，黄锋. 准静力学双面接触支承问题及其粘弹性材料的非局部摩擦 [J]. 应用数学和力学，2010，5 (5)：591-602.

第 **10** 章
相似理论及其在风沙侵蚀研究中的应用

本章以相似理论为基础，在风沙环境侵蚀研究中应用相似理论实现了室外实际风沙变量（冲蚀速度、下沙率）和室内模拟试验选取变量（冲蚀速度、下沙率）的转化、室内试验与实际工况下冲蚀时间的转化；设计了室内模拟风沙环境的试验变量，利用室内模拟试验结果评价实际风沙中材料的受损情况，通过沙尘天气的统计资料得到实际风沙环境工程中材料受冲蚀的冲蚀时间，以及可能的沙尘天气爆发次数。研究结果为风沙环境下工程材料耐久性研究和预测寿命提供理论依据。

10.1　量纲分析的基本概念

在科学试验中，常常要测量各种物理量，使用量纲分析[1]。为了定量地描述这些物理量，就需要用一定的标准去衡量和表示。如果所取的标准不同，那么测得的结果也就不同。我们把所取的这个标准称为单位。如测量某物体的长度，可选用米、厘米、毫米等单位，测量某段时间间隔可选用小时、分、秒等单位。国际上曾经使用的单位制种类繁多，换算方法也十分的复杂，对科学与技术的交流带来了许多困难。为了解决这一问题，国际上对单位制逐渐进行了统一与规范。国际单位制（SI）中将单位分为 3 类：①基本单位、②导出单位、③辅助单位。

国际单位制中有长度、质量、时间、电流、温度、光强度和物质的量等 7 个基本量。对于一个力学系统，尽管存在各种各样的物理量。但一般情况下只需对长度、质量和时间等 3 种基本物理量定出单位就够了，其他多数物理量的单位可以由基本物理量的单位导出。其中基本物理的单位称为基本单位，可以由基本单位导出的物理量的单位称为导出单位。辅助单位目前只有两个，即平面角的国际制弧度和立体角的国际制球面度，辅助单位也可以用于构成导出单位。

单位有两个含义，一是表示被测物理量的类型，二是表示测量的"尺度"。单位是度量某一物理量的基值，是预先人为选定的。例如米、厘米、毫米属于长度的度量单位，故都可以作为长度这一类物理量的度量单位，但它们的"尺度"是不同的。

不同类型的物理量用量纲来表示。属于同一类型的物理量具有相同的量纲。用以下符号表示物理量的量纲：L（长度量纲），T（时间量纲），M（质量量纲），F（力的量纲）。同一类别的物理量量纲相同，但可以用不同的单位去描述。具体的"数值"和"单位"就准确地表示出了该物理量的大小。与基本单位相对应的是基本量纲，与导出单位相对应的是导出量纲。在绝对单位制中基本量纲是 L、M、T。力的量纲是导出量纲，表示为 MLT^{-2}，在工程单位制中基本量纲是 L、F、T。质量量纲是导出量纲，表示为 $FT2L^{-1}$。

其他物理量的量纲可根据定义或关系方程式导出。假如应力被定义为单位面积上所作用的力，则应力的量纲为 $ML^{-1}T^2$（绝对单位制）。表 10-1 中列出了力学中经常遇见的国际单位制量纲系统中的一些物理量的量纲。

常用物理量的量纲　　　　　　　　　　　　　　　　表 10-1

物理量	量纲式	物理量	量纲式	物理量	量纲式
长度	L	加速度	LT^{-2}	力矩	L^2MT^{-2}
时间	T	力	LMT^{-2}	惯性矩	ML^2
质量	M	能、功	$L^{-1}MT^{-2}$	角速度	T^{-1}
面积	L^2	功率	L^2MT^{-3}	角加速度	T^{-2}
体积	L^3	密度	$L^{-3}M$	弹性模量	$ML^{-1}T^{-2}$
速度	LT^{-1}	频率	T^{-1}	应力、压强	$ML^{-1}T^{-2}$

还有一些物理量，例如角度，可以用弧长和半径的值来度量。其单位可用弧度表示，但由于与基本量纲无关，故它是无量纲的。无量纲量具有数值的特性，它可以通过两个量纲相同的物理量相除得到，也可以由几个量纲不同的物理量通过乘除组合得到。

在实验力学中，一般采用长度、时间、质量为基本物理量的 3 个基本单位，就能导出其他单位，对于静力系统，因与时间无关，只需两个基本单位，但在热应力研究中需要增加温度基本单位。因此基本单位的数量要根据具体问题而定。

量纲表示各种物理量的基本度量，反映物理量之间的关系的方程式中各项的量纲必须相同，因为只有同类型物理量才能相互比较或相互加减，否则就会出现诸如长度与时间相加之类的错误，这就是量纲齐次原则，它是量纲分析的基本依据。分析和比较量纲，可以判断关系方程式的函数形式是否正确。量纲分析就是通过分析物理现象或工程问题中各有关物理量的量纲，利用量纲齐次性条件，得出表述这些物理量间函数关系可能形式的方法。有时不能用解析法导出某一物理现象，即可利用上述原则找出它们之间的一般关系式。例如，已知下沙率和沙尘浓度的转化与下沙率 M_s、横断面截面面积 A、冲蚀速度 V 及沙尘浓度 TSP 诸物理量有关，试求其关系。首先写出量纲表达式：

$$\dim TSP = (\dim v)^p (\dim M_s)^q (\dim A)^r \tag{10-1}$$

这几个物理量的量纲分别是（绝对单位制）：

$$\dim TSP = ML^{-3}\ ,\quad \dim v = LT-1\ ,\ \dim M_s = MT^{-1}\ ,\ \dim A = L^2 \tag{10-2}$$

故有

$$ML-3 = (LT-1)^p(MT^{-1})^q(L^2)^r = M^q L^{2r+p} T^{-p-q} \tag{10-3}$$

根据量纲齐次原则，必须使

$$q=1\ ,\ 2r+p=-3\ ,\ -p-q=0 \tag{10-4}$$

解得

$$p=-1\ ,\quad q=1\ ,\quad r=-1 \tag{10-5}$$

所以

$$\dim TSP = (\dim v) - 1(\dim M_s)^1(\dim A) - 1 \tag{10-6}$$

从而

$$TSP = \frac{M_s}{Av} \tag{10-7}$$

此即下沙率与沙尘浓度之间转化公式。

从上例可以看出，下沙率与沙尘浓度之间的转化涉及 4 个物理量，其中 3 个物理量的量纲是独立的，如 M_s、v 和 A，因为其中任意两个量的量纲结合（乘除、指数等代数运算）不能导出第三个量的量纲。这样，从量纲表达式可以得到 3 个相互独立的方程式，故 3 个未知数 p、q 和 r 有解。因此如果量纲独立的量为 n 个，则参与现象的全部物理量为 $(n+1)$ 个时未知量可解。若全部物理量多于 $(n+1)$ 个，则未知量不能用上述方法解出。

10.2 相似理论

相似理论[2] 源于几何学中几何图形的相似，是研究自然界相似现象的性质和鉴别相似现象的基本原理。彼此相似的现象所具有的性质称为相似性质，现象彼此相似必须满足的条件称为相似条件。模型试验必须在相似模型上进行，相似模型是指科学试验用的模型，实质上是一种把待研究的物理过程（物理现象）的特征量加以缩小或放大以供试验测定的试验装置。因此相似模型的核心是和待研究现象的物理相似。这就需要把几何相似的概念推广到其他有关特征量的相似。在力学试验中，常常需要用模型代替实物进行测量。由于实际条件限制，模型和实物的材料和尺寸都可能不尽相同。例如，光弹性试验中要用透明塑料代替金属材料。进行模型试验时，应尽可能模拟实物的力学现象，以便把从模型试验测得的数值换算为实际问题所需要的数值。这就要求模型试验和实际问题所涉及的物理量是相同的，并且应遵循相同的物理规律，即有相同的关系式。首先，模型和实物之间通常要满足几何相似、边界条件相似和载荷相似。几何相似是指模型的所有尺寸与实物之比为同一比例常数，边界相似是指边界上的约束条件相似。其次，力学现象中涉及的其他物理量，如材料的弹性模型、泊松比、密度等一般也要满足相似条件。

相似理论由 3 个相似定理组成。这 3 个相似定理从理论上阐述了相似现象的性质和实现相似现象的条件。下面分别加以简单介绍。

10.2.1 相似第一定理

相似第一定理主要阐明两个相似现象中同类物理量成常数比，其比值称为相似系数。不同物理量的相似系数可以不同，但是由于相似现象具有相同的关系方程，因此相似系数之间存在一定的关系。相似第一定理是牛顿于 1786 年首先发现的，它确定了相似现象的性质。下面就以速度微分定义为例说明这些性质。

根据速度的微分定义，对于原型结构有

$$V_p = \frac{\mathrm{d}l_p}{\mathrm{d}t_p} \tag{10-8}$$

对于模型结构有

$$V_m = \frac{\mathrm{d}l_m}{\mathrm{d}t_m} \tag{10-9}$$

设各同类物理量之间的比例常数为

$$C_V = \frac{V_m}{V_p} , C_l = \frac{l_m}{l_p} , C_t = \frac{t_m}{t_p} \tag{10-10}$$

式中，C_V、C_l、C_t 分别为速度、位移、时间的相似比。将式（10-10）代入式（10-9）中，可得

$$V_m = C_V V_p = \frac{C_l}{C_t} \frac{\mathrm{d}l_p}{\mathrm{d}t_p} \tag{10-11}$$

$$V_p = \frac{C_l}{C_V C_t} \frac{\mathrm{d}l_p}{\mathrm{d}t_p} \tag{10-12}$$

比较式（10-12）和式（10-8）可知：

$$\frac{C_l}{C_V C_t} = 1 \tag{10-13}$$

可见当两个相似比任意选定后，第三个相似系数必须满足式（10-13），于是 $C_l / C_V C_t$ 被称为模型与原型相似的相似指标。据此，相似第一定理可表述如下：对于彼此相似的现象其相似指标为 1。

将式（10-10）代入式（10-13）中，整理后可得：

$$\frac{V_m t_m}{l_m} = \frac{V_p t_p}{l_p} = 常数 \tag{10-14}$$

式（10-14）说明彼此相似的现象中，各物理量之间也存在着一定的关系。去掉式（10-14）中的下标，可以得到一般形式：

$$\pi = \frac{Vt}{l} \tag{10-15}$$

式（10-15）即为相似判据，其中 π 为常量，无量纲。对于彼此相似的现象，其相似判据是相同的，为一常量，相似第一定理可以表述为：对于彼此相似的现象其相似判据为不变量。因此，可以用相似判据来确定两个相似现象中的物理量之间的关系。

应该注意的是相似系数与相似判据的不同之处，相似系数在两个相似现象中是常数，两个相对应的物理量始终保持常数，但对于在第三个与此两个现象互相相似的现象中，可具有不同常数值，而相似判据则在互相相似的所有现象中是一个不变量，它表示相似现象中各物理量应保持的关系。对于一般的力学问题，只要知道物理量之间的函数关系，就可参照上面的量纲分析过程来确定相似判据。

在做试验室模拟试验时，在模型试件上施加相似参数、模拟原型结构的实际工作情况，最后按相似理论确定的相似判据整理试验结果，推算出原型结构的真实工作状态。

10.2.2　相似第二定理

描述物理现象的方程式必须是量纲的齐次方程，因此我们用与方程各项相同量纲去除方程的各项，则该方程式可变为无量纲综合数群的方程形式。相似第二定理指出，互相相似现象中，其相似判据可不必利用相似指标来导出，只要将方程转变为无量纲方程形式，

无量纲方程各项即为相似判据。因表示现象各物理量之间的关系方程式均可转变为无量纲方程形式，因此都可以写出相似判据方程式。下面举例说明试验中有关此相似理论的问题。

设有一等截面直杆，两端受偏心拉力 P，偏心距为 L。已知杆中最大拉应力为

$$\sigma = \frac{PL}{W} + \frac{P}{A} \qquad (10\text{-}16)$$

式中，W 为抗弯等截面系数；A 为横截面面积。

用 σ 去除式中各项，得到无量纲方程如下：

$$1 = \frac{PL}{\sigma W} + \frac{P}{\sigma A} \qquad (10\text{-}17)$$

显然，模型试验中各物理量也满足式（10-17），于是有

$$1 = \frac{P'L'}{\sigma'W'} + \frac{P'}{\sigma'A'} \qquad (10\text{-}18)$$

模型和实物的同类物理量应满足相似，既有

$$P' = C_P P \ , \ L' = C_L L \ , \ \sigma' = C_\sigma \sigma \quad , \ W' = C_W W \quad , \ A' = C_A A \qquad (10\text{-}19)$$

式中，C_P，C_L，C_σ，C_W，C_A 称为相似系数。将式（10-19）代入式（10-18）得到

$$1 = \frac{C_P C_l}{C_\sigma C_W} \frac{PL}{\sigma W} + \frac{C_P}{C_\sigma C_A} \frac{P}{\sigma A} \qquad (10\text{-}20)$$

将式（10-20）与式（10-18）相比较可知，若要两现象相似，必须使

$$\frac{C_P C_l}{C_\sigma C_W} = 1 \ , \ \frac{C_P}{C_\sigma C_A} = 1 \qquad (10\text{-}21)$$

或者

$$\frac{P'L'}{\sigma'W'} = \frac{PL}{\sigma W} = 常数 \quad , \quad \frac{P'}{\sigma'A'} = \frac{P}{\sigma A} = 常数$$

写成一般形式得

$$K_1 = \frac{PL}{\sigma W} \quad , \quad K_2 = \frac{P}{\sigma A} \qquad (10\text{-}22)$$

式（10-22）称为相似判据，表明彼此相似现象的判据为不变量，它就是相似理论第二定理，也称为 π 定理，即一个现象中各物理量之间的关系方程式都可以换成无量纲方程，无量纲方程中的各项是相似判据。因此，表示一现象各物理量之间的关系方程式，都可写成相似判据方程。

10.2.3　相似第三定理

相似第一、第二定理在假定现象相似为已知的基础上，明确了相似现象的性质，给出了相似现象的必要条件，但是没有给出相似现象的充分条件。相似第三定理补充了前面两个定理，它指出，在物理方程相同的情况下，如两个相似现象的单值条件相似，亦即从单值条件下引出的相似判据与现象本身的相似判据相同，则这两个现象一定相似。

所谓单值条件，是指一个想象区别于一群现象的那些条件。它在一定试验条件下，只有唯一的试验结果。属于单值条件的因素有：系统的几何特性、对所研究的对象有重大影响的介质特性、系统的初始状态和边界条件等。

1. 几何相似

如果模型上所有方向的线性尺寸均按实物的相应尺寸用同一比例常数确定，则此模型与实物（原型）几何相似。约定用下标为 P 的表示对应模型结构的物理量，下标为 M 的物理量表示对应实物结构的物理量。在几何相似系统中，任何相物应点（i 点）的坐标应满足：

$$\frac{x_{pi}}{x_{Mi}} = C_L \tag{10-23}$$

式中，C_L 称为几何相似常数；L 是长度尺寸的物理量。若模型与原型在某一方向上的尺寸不满足式（10-23）的条件，则设计的模型为变态相似模型。

2. 时间相似

在动力问题中，如果模型上的物理量与原型的物理量在对应的位置和对应的时刻保持一定的比例，并且运动的方向一致，则为时间相似。物理量随时间变化的过程中，每一时刻都对应着一批确定的物理量。由于其总是在相同的时间基础上进行的，因此必须保持不变的时间比例关系：

$$\frac{t_P}{t_M} = C_t \tag{10-24}$$

式中，C_t 称为几何相似常数；t 是物理量的时间间隔。

3. 物理参数相似

对于弹性结构有影响的物理参数，有弹性模量 E、泊松比 μ、密度 ρ 等，在模拟时应满足下列比例关系：

$$\frac{E_P}{E_M} = C_E, \ \frac{\mu_P}{\mu_M} = C_\mu, \ \frac{\rho_P}{\rho_M} = C_\rho \tag{10-25}$$

4. 初始条件相似

物理现象一方面取决于该现象的本质，另一方面也取决于它的初始条件，因此模拟时必须满足初始条件的相似，而且其相似比例尺应与过程中的比例尺相一致。

5. 边界条件相似

在两个相似现象中，除了具有相同的基本方程外，显然还要满足边界条件相似，例如四周固支的板与四周简支的板，其处理方法是不同的。

相似第三定理表明，当考虑一个新现象时，只要它的单值条件与曾经研究过的现象单值条件相同，并且存在相等的相似常数，就可以确定现象相似，从而可以将已研究过现象的结果应用到新现象上去。相似第三定理的发现使相似理论构成套完善的理论，成为组织试验和进行模拟的科学方法。在模型试验中，为了使模型与原型保持相似，必须按相似理论推导出相似判据方程。模型设计应在保证相似判据方程成立的基础上确定出适当的相似常数。

10.3 用方程式分析结构相似

对于物理量之间的关系方程式已经知道的问题，应用相似理论可以很容易求得模型与原型的相应物理量之间的关系式，从而从模型测得试验结果，再换算成原型的相应数值[2]。

现利用上述定律解决拉伸试件相似律的问题。假设拉伸试件的残余伸长 $\triangle L$ 由两部分组成，即

$$\Delta L = \Delta L_B + \Delta L_E \tag{10-26}$$

式中，ΔL_B 为达到破坏荷载前的均匀伸长量；ΔL_E 为局部伸长量。拉断后的延伸率为

$$\delta = \frac{\Delta L_B}{L_0} + \frac{\Delta L_E}{L_0} \tag{10-27}$$

由试验得知，ΔL_B 与试件标距 L_0 成正比，ΔL_E 与横截面积 A_0 的平方根成正比，即

$$\Delta L_B = \beta L_0 \ , \ \Delta L_E = \gamma \sqrt{A_0} \tag{10-28}$$

式中，β 和 y 均为常数。对同一材料，β 值几乎是不变的。假如试件是圆形截面，或者是具有宽度 b 和厚度 a 且符合 $1 \leqslant \frac{b}{a} \leqslant 5$ 的矩形截面，则对同一材料，y 值也是不变的。将式（10-28）代入式（10-27）得

$$\delta = \beta + \gamma \frac{\sqrt{A_0}}{L_0} \tag{10-29}$$

或写成

$$1 = \frac{\beta}{\delta} + \gamma \frac{\sqrt{A_0}}{\delta L_0} \tag{10-30}$$

根据前述相似定律，无量纲方程的各项就是相似判据，故相似判据为

$$\frac{\beta}{\delta} = 常数 \ , \ \gamma \frac{\sqrt{A_0}}{\delta L_0} = 常数 \tag{10-31}$$

将相似系数 C_β，C_γ，C_σ 代入，可得

$$1 = \frac{C_\beta \beta'}{C_\delta \delta'} + C_\gamma \gamma' \frac{\sqrt{A_0'}}{C_\delta \delta' L_0'} \tag{10-32}$$

因此，用相同材料的比例试件代替标准试件进行拉伸试验，并要求得到相同的延伸率的话，则必须满足式（10-29）。如前所述，β 和 γ 为常数，故相似系数 $C_\beta = 1$，$C_\gamma = 1$。根据延伸率相同的要求，故 $C_\sigma = L$。这样，拉伸试件的相似判据（拉伸试件相似率）应为

$$\frac{\sqrt{A_0}}{L_0} = 常数 \tag{10-33}$$

因标准圆试件的 L_0 与 d_0（直径）之比为 10 或 5，于是由式（10-33）即可定出相似系数。当 $L_0 = 10d_0$ 时，

$$\frac{L_0}{\sqrt{A_0}} = \frac{L_0}{\sqrt{\frac{\pi d_0^2}{4}}} = 11.3 \tag{10-34}$$

当 $L_0 = 5d_0$ 时，

$$\frac{L_0}{\sqrt{A_0}} = 5.65 \tag{10-35}$$

所以，比例试件应满足式（10-34）或式（10-35）。

以上是在关系方程式确定情况下得出相似判据的。

在结构计算中，经常会遇到微分方程式，利用边界条件来求解时十分困难，而我们应用相似理论可以很容易建立判据方程，利用判据方程可得模型与原型诸物理量之间的关系，用模型测得的结果换算成实际需要的数值，所以用方程式来分析结构的相似条件，在这类问题中有实际价值。

10.4　用量纲分析法分析结构相似

如果参与某物理现象的各物理量之间关系方程式未知，也可以利用前面提到的量纲分析方法找出相似判据[2]。

下面先介绍量纲分析中的 π 定理。假定一物理现象中有 n 个物理量，则其关系方程式可表示如下：

$$f(x_1, x_2, \cdots x_n) = 0 \tag{10-36}$$

此方程可用级数形式表示：

$$\sum N_i x_1^{a_i} x_2^{b_i} \cdots x_n^{K_i} = 0 \tag{10-37}$$

式中，N 为无量纲数。因为方程式必须是量纲的齐次方程，所以以其中任一项 $N_s x_1^{a_s} x_2^{b_s} \cdots x_n^{K_s}$ 除各项得无量纲方程式：

$$1 + \sum \frac{N_i}{N_s} x_1^{a_i - a_s} x_2^{b_i - b_s} \cdots x_n^{K_i - k_s} = 1 + \sum T_i x_1^{A_i} x_2^{B_i} \cdots x_n^{K_i} = 0 \tag{10-38}$$

如果式（10-38）中有 m 个互相独立的物理量可作为基本单位，为方便起见，设 x_1，x_2，$\cdots$，x_m 为导出单位。因此我们建立 $n-m$ 个无量纲数群，称为 π 项：

$$\left.\begin{array}{l} \pi_1 = \dfrac{x_{m+1}}{x_1^{\alpha_1} x_2^{\beta_1} \cdots x_n^{\eta_1}} \\[2mm] \pi_2 = \dfrac{x_{m+2}}{x_1^{\alpha_2} x_2^{\beta_2} \cdots x_n^{\eta_2}} \\[2mm] \cdots\cdots \\[2mm] \pi_{n-m} = \dfrac{x_n}{x_1^{\alpha_{n-m}} x_2^{\beta_{n-m}} \cdots x_n^{\eta_{n-m}}} \end{array}\right\} \tag{10-39}$$

以上诸式分子和分母的量纲相同，因此均为无量纲项。式（10-39）代入式（10-38）可得

$$1 + \sum T_i x_1^{A_i} x_2^{B_i} \cdots x_m^{F_i} (x_1^{\alpha_1} x_2^{\beta_1} \cdots x_n^{\eta_1})^{G_i} (\pi_1)^{G_i} (x_1^{\alpha_2} x_2^{\beta_2} \cdots x_n^{\eta_2})^{H_i} (\pi_2)^{H_i}$$
$$\cdots (x_1^{\alpha_{n-m}} x_2^{\beta_{n-m}} \cdots x_n^{\eta_{n-m}})^{K_i} \times (\pi_{n-m})^{K_i} = 0 \tag{10-40}$$

因为 x_1，x_2，$\cdots$，x_m 为基本单位，彼此无合并可能，式（10-40）又是无量纲方程，所以 x_1，x_2，$\cdots$，x_m 的指数综合为零，即

$$x_1^{A_i + \alpha_1 G_1 + a_2 H_1 + \cdots a_{n-m} K_1} = x_1^0 = 1 \tag{10-41}$$

所以式（10-41）可写成

$$1 + \sum T_i \pi_1^{G_i} \pi_2^{H_i} \cdots \pi_{n-m}^{K_i} = 0 \tag{10-42}$$

或

$$f_1(\pi_1, \pi_2, \cdots \pi_{n-m}) = 0$$

由此，π 定理可表达如下：所有的量纲齐次方程均可化为无量纲综合数群之和的形式。无量纲数群 π 项的数目为 $n-m$ 个，其中 n 为方程中不同物理量的数目，m 表示彼此独立可作基本单位的物理量数目。

根据相似第二定理，无量纲方程的各项为相似判据，因此 π 项可作为相似判据，$n-m$ 个 π 项可建立 $n-m$ 个相似判据方程。

下面以弹性体应力分布为例予以说明。

考虑一弹性体（实物）在一般情况下，其任意一点处的应力 σ 只与载荷和几何尺寸有关。载荷以某一特定力 P 表示；几何尺寸以某一特定长度 l 表示。各物理量的量纲分别为

$$\dim\sigma = ML^{-1}T^{-2} \quad , \dim P = MLT^{-2} \quad , \dim l = L$$

不难看出这 3 个物理量中，只有两个物理量量纲是独立的，因此有 $3-2=1$ 个 π 项，任选两个为基本单位（例如 σ，l），则 π 项可写为

$$\pi = \frac{\dim P}{(\dim\sigma)^a (\dim l)^b} = \frac{ML^{-1}T^{-2}}{M^a L^{-a} T^{-2a} L^b} = \frac{(MT^{-2})1-a}{L^{b-a-1}}$$

π 为无量纲的项，因此要满足此条件，必须使

$$1-a=0 \quad , b-a-1=0$$

所以 $a=1$，$b=2$，

故无量纲方程式可以写成

$$\phi\left(\frac{P}{\sigma l^2}\right) = 1 \tag{10-43}$$

对于模型试验，载荷 P'、应力 σ' 和几何尺寸 l' 应遵循式（10-43），故有

$$\phi\left(\frac{P'}{\sigma' l'^2}\right) = 1 \tag{10-44}$$

令 $\sigma'=C_\sigma\sigma$，$P'=C_P P$，$l'=C_l l$ 并将它代入式（10-44），得

$$\phi\left(\frac{C_P}{C_\sigma C_l^2} \cdot \frac{P}{\sigma l^2}\right) = 1 \tag{10-45}$$

比较式（10-43）和式（10-45），可知要使两现象相似，必须满足

$$\frac{C_P}{C_\sigma C_l^2} = 1 \tag{10-46}$$

或满足

$$\frac{\sigma P' l^2}{\sigma' P l'^2} = 1$$

即

$$\frac{\sigma l^2}{P} = \frac{\sigma' l'^2}{P'} = 常数 \tag{10-47}$$

式（10-47）为模型应力分析的相似判据（相似率）。

由式（10-47）还可以进一步得到实物和模型之间的应力换算关系：

$$\sigma = \sigma' \frac{P l'^2}{P' l}$$

因此，采用量纲分析的方法，可知在不知方程式的情况下，求得模型与实物的诸物理量之间的关系式，但必须正确选择有关物理量。最后必须强调，模型和实物除了要满足上

述的相似定律之外，有时还必须满足其他一些相似性要求，需要深入了解的读者可参阅有关书籍。

10.5　弹性结构中的相似性

一个各向同性的弹性结构在微小变形时，可以应用弹性力学的 15 个基本方程和三个边界条件（在动力问题中还有六个起始条件），可解出全部的应力和变形。但是对某些问题（如复杂的空间问题等）采用数学方法对方程求解往往是很困难的，如果我们利用这些方程和边界条件建立相似判据方程，把模型上测量所得的结果，可以方便地换算成实物（原型）所需数值[2]。

下面根据弹性力学基本方程及边界条件来求弹性结构的相似判据方程，设弹性结构中诸物理量的相似系数为：

$$C_L = \frac{L_P}{L_M} \qquad 几何相似系数；$$

$$C_\sigma = \frac{\sigma_P}{\sigma_M} = \frac{\tau_P}{\tau_M} \qquad 应力相似系数；$$

$$C_\varepsilon = \frac{\varepsilon_P}{\varepsilon_M} = \frac{\gamma_P}{\gamma_M} \qquad 应变相似系数；$$

$$C_\Delta = \frac{u_P}{u_M} = \frac{v_P}{v_M} = \frac{w_P}{w_M} \qquad 位移相似系数；$$

$$C_\mu = \frac{L_\mu}{L_\mu} \qquad 泊松比相似系数；$$

$$C_E = \frac{L_E}{L_E} \qquad 弹性模量相似系数；$$

$$C_f = \frac{f_P}{f_M} \qquad 体积力相似系数；$$

$$C_q = \frac{q_P}{q_M} \qquad 分布荷载相似系数。$$

1. 由平衡微分方程求相似判据

由平衡微分方程如下所列，对于原型有：

$$\frac{\partial \sigma_{xp}}{\partial x_p} + \frac{\partial \tau_{xyp}}{\partial y_p} + \frac{\partial \tau_{zxp}}{\partial z_p} + f_{zp} = 0$$

$$\frac{\partial \tau_{zyp}}{\partial x_p} + \frac{\partial \sigma_{yp}}{\partial y_p} + \frac{\partial \tau_{yzp}}{\partial z_p} + f_{yp} = 0 \qquad (10\text{-}48)$$

$$\frac{\partial \tau_{zxp}}{\partial x_p} + \frac{\partial \tau_{yzp}}{\partial y_p} + \frac{\partial \tau_{yp}}{\partial z_p} + f_{zp} = 0$$

上三式中求得相似判据均相同，因此可用其中任一式来求相似判据。同时微分符号不改变物理意义，因此可以不考虑微分符号，例如 d_x 和可看成 $x_2 - x_1$，d_x 和 x 具有同样物理意义。将有关相似系数代入第一式，得：

$$\frac{C_\sigma}{C_L} \left(\frac{\partial \sigma_{zM}}{\partial x_M} + \frac{\partial \tau_{xyM}}{\partial y_M} + \frac{\partial \tau_{zxM}}{\partial z_M} \right) + C_f f_{xM} = 0 \qquad (10\text{-}49)$$

其相似指标为：

$$C_1 = \frac{C_\sigma}{C_L C_f} = 1 \tag{10-50}$$

则相应的相似判据为：

$$K_1 = \frac{\sigma}{Lf} = idem \tag{10-51}$$

原型和模型的应力换算关系为：

$$\sigma_p = \sigma_m \frac{L_P f_P}{L_M f_M} \tag{10-52}$$

上式即为由平衡微分方程得到的应力换算公式。

若不考虑体积力的作用，则式（10-49）变为

$$\frac{C_P}{C_L} \left(\frac{\partial \sigma_{xM}}{\partial x_M} + \frac{\partial \tau_{xyM}}{\partial y_M} + \frac{\partial \tau_{zxM}}{\partial z_M} \right) = 0 \tag{10-53}$$

上式表示 $\frac{C_P}{C_L}$＝任意常数都能符合相似条件，因位不考虑体积力的平衡微分方程，对 C_P 和 C_L 无制约关系，只要其他条件相似，模型中的应力与原型中应力保持相似。

2. 由位移方程求得相似判据

位移方程如下所列，对于原型：

$$\varepsilon_{xp} = \frac{\partial u_p}{\partial x_p}, \ \varepsilon_{yp} = \frac{\partial v_p}{\partial y_p}, \ \varepsilon_{zp} = \frac{\partial w_p}{\partial z_p} \tag{10-54}$$

$$\gamma_{xyp} = \frac{\partial u_p}{\partial y_p} + \frac{\partial v_p}{\partial x_p}, \ \gamma_{yzp} = \frac{\partial v_p}{\partial z_p} + \frac{\partial w_p}{\partial y_p}, \ \gamma_{xzp} = \frac{\partial w_p}{\partial x_p} + \frac{\partial u_p}{\partial z_p}$$

上六式求得相似判据均相同，可取任一式进行换算，由第一式可得相似指标（与上面相同方法）：

$$C_2 = \frac{C_\varepsilon C_L}{C_2} = 1 \tag{10-55}$$

相似判据：

$$K_2 = \frac{\varepsilon L}{\Delta} = idem \tag{10-56}$$

模型与原型的换算关系：

$$\varepsilon_p = \varepsilon_M \frac{\Delta_P}{\Delta_M} \frac{L_M}{L_P} \tag{10-57}$$

3. 由应力和应变关系求得相似判据

应力和应变关系如下，对于原型有：

$$\varepsilon_{xp} = \frac{1}{E_p} \left[\sigma_{xp} - \mu_p (\sigma_{yp} + \sigma_{zp}) \right]$$

$$\varepsilon_{yp} = \frac{1}{E_p} \left[\sigma_{yp} - \mu_p (\sigma_{xp} + \sigma_{zp}) \right]$$

$$\varepsilon_{zp} = \frac{1}{E_p} \left[\sigma_{zp} - \mu_p (\sigma_{yp} + \sigma_{xp}) \right] \tag{10-58}$$

$$\gamma_{xyp} = \frac{1}{G_p} \tau_{xyp}$$

$$\gamma_{yzp} = \frac{1}{G_p} \tau_{yzp}$$

$$\gamma_{xzp} = \frac{1}{G_p} \tau_{xzp}$$

上六式所得相似判据一样，将有关相似系数代入上任一式，可得相似指标：

$$C_3 = \frac{C_\varepsilon C_E}{C_\sigma} = 1 \ , \ C_4 = \frac{C_\varepsilon C_E}{C_\mu C_\sigma} = 1 \tag{10-59}$$

要同时满足上二式，必须使 $C_\mu = 1$，即 $\mu_p = \mu_M$，因此在模型试验中要使模型与原型相似，模型材料的泊松必须与原型材料的泊松比相同，否则将带来误差。

假设 $C_\mu = 1$（即 $\mu_p = \mu_M$）则相似判据：

$$K_{3,4} = \frac{\varepsilon E}{\sigma} = idem \tag{10-60}$$

模型与原型的换算关系：

$$\sigma_p = \sigma_M \frac{E_p}{E_M} = \frac{\varepsilon_p}{\varepsilon_M} \tag{10-61}$$

4.由边界条件求得相似判据

边界条件如下所列，对于原型有：

$$q_{xp} = \sigma_{xp} l + \tau_{xyp} m + \tau_{zxp} n$$
$$q_{yp} = \tau_{yxp} l + \sigma_{yp} m + \tau_{yzp} n \tag{10-62}$$
$$q_{zp} = \tau_{zxp} l + \sigma_{zyp} m + \tau_{zp} n$$

上三式求得相似判据相同，将相应的相似系数代入任一式，可以得到（l，m，n 为外法线的夹角余弦，对原型和模型应保持同一数值，即 q 力方向相同）相似指标：

$$C_5 = \frac{C_q}{C_\sigma} = 1 \tag{10-63}$$

相似判据：

$$K_5 = \frac{q}{\sigma} = idem \tag{10-64}$$

原型和模型的换算关系：

$$\sigma_p = \sigma_M \frac{q_p}{q_M} \tag{10-65}$$

注意上式中的 q 为单位面积上所作用的荷载，如果荷载为集中力 P，则需要下式换算：

$$\frac{P_p}{P_M} = \frac{q_p}{q_M} \frac{L_p^2}{L_M^2} \tag{10-66}$$

一般在材料力学中，梁上分布载荷 q' 是为了单位长度分布载荷，则需经下式换算：

$$\frac{q'_p}{q'_M} = \frac{q_p}{q_M} \frac{L_p}{L_M} \tag{10-67}$$

如果原型和模型相似，则需使模型和原型中的诸物理量满足上面所列 K_1、K_2、K_3、

K_4 和 K_5 诸相似判据。将式（10-52）、式（10-57）、式（10-61）、式（10-65）清理之后，可得弹性结构在相似条件下各物理量的转换关系，在不考虑体积力的情况下：

应力换算关系：
$$\sigma_\mathrm{p} = \sigma_\mathrm{M} \frac{q_\mathrm{p}}{q_\mathrm{M}}$$

应变换算关系：
$$\varepsilon_\mathrm{p} = \frac{q_\mathrm{p}}{q_\mathrm{M}} \frac{E_\mathrm{M}}{E_\mathrm{P}} \varepsilon_\mathrm{M}$$　　　　（10-68）

位移换算关系：
$$\Delta_\mathrm{p} = \frac{q_\mathrm{p}}{q_\mathrm{M}} \frac{E_\mathrm{M}}{E_\mathrm{P}} \frac{L_\mathrm{M}}{L_\mathrm{P}} \Delta_\mathrm{M}$$

在应用上面换算公式时，应注意下列几点：

（1）由上推导过程中，可以看出如果要使模型和原型相似，必须使模型材料和原型材料的泊松比相等（即 $\mu_\mathrm{v} = \mu_\mathrm{M}$），否则会带来一定的误差，误差的大小在不同的问题中有所不同，在理论上很难作出一般性的解答，一般情况是：在一维及二维问题与泊松比无关，在二维的多联通问题及三维问题中，应力大小和应力分布均与材料泊松比有关，因此要考虑由于模型材料与原型材料的泊松比不同带来的影响。通常我们采用塑料作为模型材料，对多数塑料的泊松比在室温时 $\mu = 0.28 \sim 0.35$ 之间，与金属材料制成的原型（$\mu = 0.29 \sim 0.3$），泊松比值相差不多，可以认为影响不大，但在高温时塑料的 $\mu = 0.5$，例如环氧树脂在高温应力冻结时有一定的影响。一般 μ 对绝对值最大的主应力影响较小，可以不予考虑，但绝对值小的主应力要考虑其影响。

（2）上面换算公式是在力的边界条件下推出，对于位移边界条件的问题中，在边界上应该是：$u = u''$，$v = v''$，$u = u''$，$w = w''$。

其中 u''，v''，w'' 为边界上的位移分量，由此而推出的换算公式如下所示：

应力换算公式：
$$\frac{\sigma_\mathrm{p}}{\sigma_\mathrm{M}} = \frac{L_\mathrm{P}}{L_\mathrm{M}} \frac{p_\mathrm{p}}{p_\mathrm{M}}$$

$$\frac{\sigma_\mathrm{p}}{\sigma_\mathrm{M}} = \frac{E_\mathrm{P}}{E_\mathrm{M}} \frac{\Delta_\mathrm{p}''}{\Delta_\mathrm{M}''} \frac{L_\mathrm{M}}{L_\mathrm{P}}$$

应变换算公式：
$$\frac{\varepsilon_\mathrm{p}}{\varepsilon_\mathrm{M}} = \frac{\Delta_\mathrm{p}''}{\Delta_\mathrm{M}''} \frac{L_\mathrm{M}}{L_\mathrm{P}}$$

位移换算公式：
$$\frac{\Delta_\mathrm{p}}{\Delta_\mathrm{M}} = \frac{\Delta_\mathrm{p}''}{\Delta_\mathrm{M}''}$$

其中：$\Delta P''$，$\Delta M''$ 分别为原型与模型在边界上的位移。如果不考虑体积力可略去应力换算公式中的第一式。

（3）上面换算公式是假设模型与原型几何完全相似的条件下求得，即原型各部分尺寸按照如按同一比例放大或缩小成模型尺寸。但是对一些薄壁结构，例如工字梁、板及薄壁容器等，如按同一比例缩小尺寸，壁厚尺寸将趋近于零。模型将难以加工出来，对于这类问题我们可以不要求几何完全相似，而根据构件受力状态区别对待（称为变态相似问题）。例如一个简单受拉（或压）载荷作用下的薄壁杆件，在载荷一定时，杆件的应力大小仅与截面的面积 F 有关，因此我们可以只要求模型和原型的面积相似，即原型和模型各部分的面积以同一比例放大或缩小，即面积相似系数 $C_F = \dfrac{F_P}{F_M} = $ 常数，在保持截面面积相似的条件下，合理的选择杆件厚度尺寸。在这个题目中，应力、应变与位移公式如下：

$$\sigma = \frac{P}{F} , \varepsilon = \frac{\sigma}{E} , \varepsilon = \frac{\partial u}{\partial x}$$

由上三式可得原型与模型的换算公式：

应力换算公式：

$$\sigma_p = \frac{P_P}{P_M} \frac{F_M}{F_P} \sigma_M$$

应变换算公式：

$$\varepsilon_p = \frac{P_P}{P_M} \frac{E_M F_M}{E_P F_P} \varepsilon_M$$

位移换算公式：

$$\Delta_p = \frac{P_P}{P_M} \frac{E_M F_M}{E_P F_P} \frac{L_P}{L_M} \Delta_M$$

如果上述杆件是受弯荷载，则杆件应力仅与截面惯性矩 J 有关，因此只要保持杆件的原型与模型的各部分惯性矩相似，此时原型与模型换算公式为：

应力换算公式：

$$\sigma_p = \frac{M_P}{M_M} \cdot \frac{J_M}{J_P} \cdot \frac{L_P}{L_M} \sigma_M$$

应变换算公式：

$$\varepsilon_p = \frac{M_P}{M_M} \cdot \frac{E_M J_M}{E_P J_P} \frac{L_P}{L_M} \varepsilon_M$$

位移换算公式：

$$\Delta_p = \frac{P_P}{P_M} \cdot \frac{E_M J_M}{E_P J_P} \frac{L_P^2}{L_M^2} \Delta_M$$

式中　　M——截面惯性矩；

　　　　J——截面弯矩；

　　　　P——集中力。

注意，只有在二维应力状态时，才能采用上述方法处理，对于三维应力状态问题则不适用。

10.6　相似理论在钢结构涂层受风沙冲蚀研究中的应用

本书利用相似理论将实际风沙冲蚀现象的特征量（冲蚀速度、下沙率）加以放大或缩小形成供试验可测定的相似模型；并对比分析实际风沙冲蚀钢结构涂层的破坏情况和试验所测得风沙冲蚀破坏损伤，将沙尘浓度（TSP）作为相似判据，利用沙尘浓度换算公式找到实际沙尘天气与试验所用下沙率的相似系数（相似现象中同类物理量的常数比值）；在进行试验室模拟试验时，在模型试件上施加相似参数、模拟原型结构的实际工作情况，最后按相似理论确定的相似判据整理试验结果，推算出原型结构的真实工作状态。

本书采用的是室内模拟风沙环境加速方法，所以按照相似理论计算模型参数与实际参数之间的相似比，估算试验结果与实际工况之间的时间关系才是应用到实际工程的关键。近些年来，国内外利用风速、降水等气候因子建立综合气候影响指数模型，预测气候因素条件下沙尘暴发生频率，但气候因素测量误差大，导致结果不够准确；本书在相似性分析过程中，将风沙流粒子的动能作为相似判据，其中决定风沙粒子动能的两个因素，分别是其质量和速度；保证试验冲蚀速度和实际风沙流速度一致，过流截面和实际冲蚀面积一致时，将实际天气的沙尘浓度换算成下沙率，并推算实际冲蚀时间，这样做不仅保证试验和实际的一致性，还可以提高预测的准确性，为预测风沙环境下材料受冲蚀时间提供理论依据。

10.6.1　沙尘天气分级

沙尘天气对城市空气质量有明显影响，各学者也从不同角度对沙尘浓度进行分级。

中国环境监测总站万本太等学者[3] 通过统计沙尘天气、PM10 浓度数据及浓度数据，并结合我国沙尘天气的发生情况和特点，提出了基于颗粒物浓度的沙尘天气分级标准，研究结果如表 10-2 所示。

基于颗粒物浓度的沙尘天气分级　　　　　　　　　　　　表 10-2

沙尘天气分级	TSP 浓度限值 （小时值）	PM10 浓度限值 （小时值）	持续时间
浮尘	$1.0 \leqslant TSP < 2.0$	$0.60 \leqslant PM_{10} < 1.00$	持续两小时以上
扬沙	$2.0 \leqslant TSP < 5.0$	$1.00 \leqslant PM_{10} < 2.00$	
沙尘暴	$5.0 \leqslant TSP < 9.0$	$2.00 \leqslant PM_{10} < 4.00$	持续一小时以上
强沙尘暴	$TSP \geqslant 9$	$TSP \geqslant 4$	

中国科学院、中国气象局的矫梅燕等学者[4] 利用已有的关于能见度与沙尘浓度统计反演关系的研究成果，对沙尘天气进行了定量分级研究，提出了基于沙尘浓度的天气分级标准，研究结果如表 10-3 所示。

基于沙尘浓度的沙尘天气分级　　　　　　　　　　　　表 10-3

沙尘天气分类	扬沙	沙尘暴	强沙尘暴
沙尘浓度（$\mu g/m^3$）	$800 \sim 3000$	$3000 \sim 9000$	$\geqslant 9000$

中国气象局主编的国家标准《沙尘暴天气等级》GB/T 20480-2006[5] 中，将沙尘暴天气依次划分为浮尘、扬沙、沙尘暴、强沙尘暴和特强沙尘暴 5 个等级，如表 10-4 所示。

沙 尘 天 气 等 级 对 应 表　　　　　　　　　　　　表 10-4

沙尘天气等级	风速	空气浑浊程度	水平能见度
浮尘	无风或平均风速≤3.0m/s	尘沙浮游	<10km
扬沙	风将地面尘沙吹起	相当混浊	1km<水平能见度<10km
沙尘暴	强风将地面尘沙吹起	很混浊	<1km
强沙尘暴	大风将地面尘沙吹起	非常混浊	<500m
特强沙尘暴	狂风将地面尘沙吹起	特别混浊	<50m

内蒙古中西部地区风沙环境特征体现为[4,6-8]：（1）沙尘暴持续时间较长，大部分在 1h 以内（占 62.1%），2h 以上的占 23.6%；（2）特强沙尘暴天气的沙尘浓度主要在 $15000\mu g \cdot m^{-3}$ 以上的范围，强沙尘暴天气的沙尘浓度主要在 $9000 \sim 15000\mu g \cdot m^{-3}$ 范围内；沙尘暴天气浓度主要在 $3000 \sim 9000\mu g \cdot m^{-3}$ 范围内，占总浓度的 90%；扬沙天气的浓度分级范围为 $800 \sim 3000\mu g \cdot m^{-3}$；（3）大范围爆发强沙尘暴的标准是三个及以上测站的风速 $\geqslant 20m/s$，一次沙尘暴中高风速持续时间大部分在 60min 以内。

10.6.2　沙尘浓度转化

本书在前述各章的研究过程中，通过下沙率 M_s（g/min）来实现对试验沙尘浓度 S_n（$\mu g/m^3$）的调节与控制。在研究中设定室内试验沙尘浓度为 TSP'（$\mu g/m^3$），室外实际天气沙尘浓度为 TSP（$\mu g/m^3$），两者的单位相同，数值大小不同。

（1）室外实际沙尘天气的沙尘浓度 TSP

室外实际天气沙尘浓度 TSP 可以根据文献[6] 进行定量分级，强沙尘暴、沙尘暴、扬沙的沙尘浓度的对应关系，如表 10-5 所示。

表 10-5

室外实际沙尘天气类型与沙尘浓度 TSP 对应关系

沙尘天气分类	扬沙	沙尘暴	强沙尘暴
沙尘浓度 TSP（$\mu g/m^3$）	$800 \sim 3000$	$3000 \sim 9000$	$9000 \sim 15000$

（2）室内试验沙尘浓度 TSP'

室内模拟风沙环境侵蚀试验中的沙尘浓度为 TSP'，其计算公式定义为：

$$TSP' = \frac{M'_s}{Q'} \tag{10-69}$$

式中　TSP'——试验沙尘浓度，单位：$\mu g/m^3$；

M'_s——试验中设定的下沙率，单位：g/min。试验中通过控制下沙率 M_s 实现对试验沙尘浓度 TSP' 的控制；

Q'——试验输沙体积率，单位：m^3/s（计算见式（10-70））。

试验中输沙体积率 Q' 的计算：研究根据流体力学中对流量的定义，采用如下公式定义了本研究中室内试验风沙流的输沙体积率 Q'：

$$Q' = A'v' \tag{10-70}$$

式中　Q'——室验输沙体积率，单位：m^3/s；

v'——室内试验中风沙流冲蚀速度，单位：m/s；

A'——室内试验中风沙流过流横截面面积，单位：m^2。

注意以上公式在计算过程中要进行单位的统一，研究中试验沙尘浓度 TSP_n 大于实际沙尘天气沙尘浓度 TSP，其可以实现快速冲蚀试验。

算例：试验中经测试，风沙流过流截面是指在试件表面正前方处半径为 r 的圆形，试验使用喷枪的喷砂口半径为 2.31mm，喷砂口与试件距离可调节。经测量本试验试件表面正前方处圆形风沙流过流截面的半径为 r 为 80mm，其面积 A' 计算结果为：

$$A' = \pi r^2 = 3.14 \times 80^2 = 20096mm^2 = 2.0096 \times 10 - 2m^2 \tag{10-71}$$

算例：室内试验下沙率与试验沙尘浓度换算，设试验下沙率为 90g/min，风沙流冲蚀

速度 v' 为 25m/s，试验试件表面正前方处圆形风沙流过流截面的半径为 r 为 80mm，换算成试验沙尘浓度 $TSP' = 3.0 \times 10^6 \mu g/m^3$

$$解：TSP' = \frac{M'_s}{Q'} = \frac{M'_s}{A'v'} = \frac{90g/min}{2.0096 \times 10-2m^2 \times 25m/s} = \frac{\dfrac{90 \times 10^6 \mu g}{60s}}{\dfrac{2.0096 \times 10-2m^2 \times 25m}{s}}$$

$$= \frac{90 \times 10^6 \mu g}{2.0096 \times 10-2 \times 25 \times 60 m^3} = 3.0 \times 10^6 \mu g/m^3 \tag{10-72}$$

同理，特定情况下根据实际不同沙尘暴的沙尘浓度，可以反推对应的实际下沙率。

算例：当实际强沙尘暴的沙尘浓度为 $15000 \mu g/m^3$，实际风沙速度 $v = 25m/s$，冲蚀在截面 $A = 0.02 m^2$ 的物体表面上，利用式（10-69）和式（10-70），换算出该情况下的实际下沙率 $M_s = 0.45 g/min$。

$$解：M_s = TSP \times Av = 15000 \times 0.02 \times 25 = 7500 \mu g/s = 0.45 g/min \tag{10-73}$$

其余实际沙尘天气对应实际下沙率如表 10-6 所示。

实际工况的沙尘天气与试验下沙率对应关系　　　　　　　表 10-6

沙尘天气分类	沙尘浓度($\mu g/m^3$)	下沙率(g/min)
特强沙尘暴	15000	0.45
强沙尘暴	9000～15000	0.27～0.45
沙尘暴天气	3000～9000	0.09～0.27
扬沙天气	800～3000	0.02～0.09

10.6.3　室内试验与实际工况下冲蚀时间的转化

根据原型（室外实际沙尘天气）的冲蚀速度设定模型的冲蚀速度，为了保证试验和实际一致性，设定的模型冲蚀速度与原型速度一样；利用模型的速度以及沙流量对应的情况，按式（10-74）～式（10-78）先计算 1min 所对应的沙尘浓度相似比，根据沙尘浓度相似比和冲蚀时间与原型对应关系，推算原型所受冲蚀时间。其中 M'_s 是试验下沙率、M_s 为实际沙尘天气的下沙率；TSP' 为试验下沙率换算的沙尘浓度、TSP 为实际沙尘天气的下沙率换算的沙尘浓度；v' 为试验冲蚀速度、v 为实际冲蚀速度；A' 为试验冲蚀面积、A 为实际冲蚀面积。

$$由沙尘浓度公式：\qquad TSP = \frac{M_s}{Av} \tag{10-74}$$

$$质量相似比：\qquad C_{M_s} = \frac{M'_s}{M_s} = K_1 \tag{10-75}$$

$$速度相似比：\qquad C_v = \frac{v'}{v} = 1 \tag{10-76}$$

$$过流截面面积相似比：\qquad C_A = \frac{A'}{A} = 1 \tag{10-77}$$

$$沙尘浓度相似比：\qquad C_{TSP} = \frac{TSP'}{TSP} = \frac{\dfrac{M'}{A'v'}}{\dfrac{M}{Av}} = K_1 \tag{10-78}$$

根据验证，可以得出：

$$\frac{C_{TSP}}{\left[\dfrac{C_{M_s}}{C_A C_v}\right]} = 1 \qquad (10\text{-}79)$$

这说明计算结果与相似理论相符合，可以按照相似理论计算模型参数与实际参数之间的相似比，估算试验结果与实际工况之间的时间关系。设定模型冲蚀时间为 t_1，由于沙尘暴年发生次数不定，每次发生各类沙尘天气次数 n_1 和每次持续时间为 t_2；则模型冲蚀时间 t_1 对应原型 $n_1 \times t_2$。

则原型冲蚀时间为

$$T = K_1 \times n_1 \times t_2 \qquad (10\text{-}80)$$

10.6.4　计算实例

按照上述提供的数据，设定模型的冲蚀速度 25m/s 对应原型 25m/s，模型下沙率 90g/min 对应不同沙尘天气的下沙如表 10-6 所示，先计算 1min 所对应的动能比，利用模型的速度、下沙率以及冲蚀时间与原型对应的情况，得到比值，然后根据比值推算原型所受冲蚀时间，按式（10-74）~式（10-80）进行计算。

由沙尘浓度公式：

$$TSP = \frac{M_s}{Av}$$

质量相似比：

$$C_{M_s} = \frac{M_s'}{M_s} = \frac{90}{0.45} = 200$$

速度相似比：

$$C_v = \frac{v'}{v} = \frac{25}{25} = 1$$

过流截面面积相似比：

$$C_A = \frac{A'}{A} = \frac{0.02}{0.02} = 1$$

沙尘浓度相似比：

$$C_{TSP} = \frac{TSP'}{TSP} = \frac{\dfrac{M'}{A'v'}}{\dfrac{M}{Av}} = \frac{\dfrac{90}{0.02 \times 25}}{\dfrac{0.45}{0.02 \times 25}} = 200$$

根据验证，可以得出：

$$\frac{C_{TSP}}{\left[\dfrac{C_{M_s}}{C_A C_v}\right]} = 1$$

模拟风沙环境试验中，试验冲蚀时间可根据情况进行设计，本算例以每次试验冲蚀时间 5min 为例，则通过相似理论在风沙环境中计算结果可算出：

实际冲蚀时间为 $=5\text{min} \times 200 = 1000\text{min} = 16.67\text{h} = 0.7\text{d}$。

即试验中风沙粒子流的动能相当于实际动能的 200 倍左右，5min 的室内模拟冲蚀磨损试验造成的损伤，相当于实际中钢结构涂层经受强沙尘暴 16.67h 的冲蚀，大约 0.7d 时间的冲蚀。不同下沙率，试验冲蚀时间为 5min 时与实际工况沙尘天气发生时间对应关系见表 10-7。

由于每次实际爆发沙尘天气的持续时间不是唯一的，本算例假设每次沙尘暴持续时间为 30min，对于经受下沙率为 90g/min，冲蚀 5min 的钢结构涂层而言，相当于经受 $\dfrac{1000\text{min}}{30\text{min}} = 33$ 次特强沙尘暴的冲蚀磨损；如果每年发生 20 次特强沙尘暴，相当于受

$\dfrac{33\ 次}{20\ 次／年}$ =1.65 年特强沙尘暴的冲蚀磨损。同理可计算其他沙尘天气下的爆发次数，如表 10-8 所示。

试验冲蚀时间为 5min 时与实际工况沙尘天气发生时间对应关系　　　表 10-7

持续时间 下沙率	不同沙尘天气			
	特强沙尘暴	强沙尘暴	沙尘暴	扬沙
90g/min	1.73d	2.88d	8.64d	32.40d
75g/min	0.58d	0.96d	2.88d	10.80d
60g/min	0.46d	0.77d	2.30d	8.64d
45g/min	0.35d	0.58d	1.73d	6.48d

对应实际工况沙尘天气爆发次数（20 次/年）　　　表 10-8

爆发次数 下沙率	不同沙尘天气			
	特强沙尘暴	强沙尘暴	沙尘暴	扬沙
90g/min	33 次(2 年)	55 次(3 年)	166 次(8 年)	622 次(31 年)
75g/min	28 次(1 年)	46 次(2 年)	138 次(7 年)	518 次(26 年)
60g/min	22 次(1 年)	37 次(2 年)	111 次(6 年)	415 次(21 年)
45g/min	17 次(1 年)	28 次(1 年)	83 次(4 年)	311 次(16 年)

表 10-8 中试验冲蚀速度为 25m/s，当下沙率为 90g/min，冲蚀 5min 时，如果按照每次特强沙尘暴的沙尘浓度 $15000\mu g/m^3$、持续时间 30min，试验中的冲蚀磨损情况相当于实际风沙环境中的钢结构涂层受到 1.73d 时间的冲蚀磨损，假设每年爆发沙尘暴 20 次，则该情况相当于爆发 2 年，共 33 次；按强沙尘暴推算，相当于实际风沙环境中的钢结构涂层实际受到 2.88d 时间的冲蚀，假设每年爆发沙尘暴 20 次，则该情况相当于爆发 3 年，共 55 次；按沙尘暴推算，相当于实际风沙环境中的钢结构涂层实际受到 8.64d 时间的冲蚀，假设每年爆发沙尘暴 20 次，则该情况相当于爆发 8 年，共 166 次；按扬沙推算，相当于实际风沙环境中的钢结构涂层实际受到 32.40d 时间的冲蚀，假设每年爆发沙尘暴 20 次，则该情况相当于爆发 31 年，共 622 次。其余情况如表 10-5、表 10-6 所示。综合以上结果表明试验中的下沙率越大，由试验结果推算的实际工况中冲蚀磨损时间越长；实际沙尘天气浓度越大，由试验推算的实际工况中的冲蚀磨损时间越短。

10.7　本章小结

本章着重介绍了相似理论在模拟风沙环境试验和实际风沙工程中的应用。从所举实例中可看出相似理论在实际风沙参量（冲蚀速度、下沙率）和试验选取参量（冲蚀速度、下沙率）之间起到了枢纽作用，使得二者有准确的对应关系，并得到以下结论。

（1）以相似理论为基础提出在风沙环境中相似理论的应用，并实现室外实际风沙变量（冲蚀速度、下沙率）和室内模拟试验选取变量（冲蚀速度、下沙率）的转化。

（2）针对不同种类、持续时间、爆发次数的沙尘天气，利用相似理论在风沙环境中应用的计算方法实现室内试验与实际工况下冲蚀时间的转化；设计室内模拟风沙环境的试验变量，利用室内模拟试验结果评价实际风沙中材料的受损情况，为风沙环境下工程材料耐久性研究和预测寿命提供理论依据。

（3）相似理论在风沙环境中应用，主要利用量纲分析实现沙尘浓度与下沙率的转化，运用相似第三定理中的时间相似找到试验冲蚀时间与实际冲蚀时间比例，通过沙尘天气的统计资料得到实际风沙环境工程中材料受冲蚀的冲蚀时间，以及可能的沙尘天气爆发次数。

本章参考文献

[1] 张天军，韩江水，屈钧利.试验力学 [M].西安：西北工业大学出版社，2008：20-28.

[2] 张如一，陆耀桢.试验应力分析 [M].北京：机械工业出版社，1981：39-50.

[3] 万本太，康晓风，张建辉，佟彦超，唐桂刚，李晓宏.基于颗粒物浓度的沙尘天气分级标准研究 [J].中国环境监测，2004，20（3）：10-13.

[4] 矫梅燕，赵琳娜，卢晶晶，王超.沙尘天气定量分级方法研究与应用 [J].气候与环境研究，2007，12（3）：351-357.

[5] 牛若芸，田翠英，毕宝贵，等.沙尘暴天气等级，气象标准汇编 2005-2006.北京：气象出版社，2008，25-31.

[6] 赵琳娜，孙建华，赵思雄.2002 年 3 月 20 日沙尘暴天气的影响系统、起沙和输送的数值模拟 [J].干旱区资源与环境，2004，18（S1）：73-81.

[7] 刘景涛，钱正安，姜学恭，郑明倩.中国北方特强沙尘暴的天气系统分型研究 [J].高原气象，2004，23（4）：126-133.

[8] 冯鑫媛，王式功，程一帆，杨德保，尚可政，周甘霖.中国北方中西部沙尘暴气候特征 [J].中国沙漠，2010，30（2）：181-186.